国之重器出版工程
国防现代化建设

复杂体系工程系列丛书

从隐秩序到显规则

——工程体系基于V++规则引擎的生态演进

From Hidden Order to Explicit Rules ——The Ecological Evolution of Engineering System of Systems Based on the V++ Rule Engine

张宏军　邱伯华　魏慕恒　张　羽　著

電子工業出版社
Publishing House of Electronics Industry
北京 · BEIJING

内 容 简 介

复杂性研究是当今学界和业界共同面对的课题，各类方法和路径不一而足。笔者基于多年的工程实践，从工程系统的复杂性研究入手，在笔者所提炼的复杂系统 V++模型的基础上，循着约翰·霍兰的“适应性造就复杂性”的理论脉络，汲取自然界和人体生命有机的启示，借鉴中国古典中医的思想，创新性地提出体系的生态定义和体系演进的适应性规则，进而提炼了 V++规则引擎，为工程体系的演化提出了新的路径和方法，为复杂性研究探索了一条新路径。

本书可供从事系统工程、体系工程、管理科学和复杂性研究的研究人员、设计人员和管理人员以及高校师生参考阅读。

图书在版编目（CIP）数据

从隐秩序到显规则：工程体系基于 V++规则引擎的生态演进 / 张宏军等著. —北京：电子工业出版社，2021.10（2023.9 重印）

（复杂体系工程系列丛书）

ISBN 978-7-121-41910-2

Ⅰ. ①从…　Ⅱ. ①张…　Ⅲ. ①军事系统工程学一研究　Ⅳ. ①E917

中国版本图书馆 CIP 数据核字（2021）第 180822 号

责任编辑：张正梅　　特约编辑：张思博

印　　刷：固安县铭成印刷有限公司

装　　订：固安县铭成印刷有限公司

出版发行：电子工业出版社

北京市海淀区万寿路 173 信箱　　邮编：100036

开　　本：720×1000　1/16　印张：11.25　字数：211 千字

版　　次：2021 年 10 月第 1 版

印　　次：2023 年 9 月第 3 次印刷

定　　价：98.00 元

凡所购买电子工业出版社图书有缺损问题，请向购买书店调换。若书店售缺，请与本社发行部联系，联系及邮购电话：（010）88254888，88258888。

质量投诉请发邮件至 zlts@phei.com.cn，盗版侵权举报请发邮件至 dbqq@phei.com.cn。

本书咨询联系方式：zhangzm@phei.com.cn。

《复杂体系工程系列丛书》
编 委 会

专家委员会委员（按姓氏笔画排列）：

郑纬民　中国工程院院士
郑建华　中国科学院院士
屈贤明　国家制造强国建设战略咨询委员会委员、工业和信息化部智能制造专家咨询委员会副主任
项昌乐　中国工程院院士
赵沁平　中国工程院院士
郝　跃　中国科学院院士
柳百成　中国工程院院士
段海滨　“长江学者奖励计划”特聘教授
侯增广　国家杰出青年科学基金获得者
闻雪友　中国工程院院士
姜会林　中国工程院院士
徐德民　中国工程院院士
唐长红　中国工程院院士
黄　维　中国科学院院士
黄卫东　“长江学者奖励计划”特聘教授
黄先祥　中国工程院院士
康　锐　“长江学者奖励计划”特聘教授
董景辰　工业和信息化部智能制造专家咨询委员会委员
焦宗夏　“长江学者奖励计划”特聘教授
谭春林　航天系统开发总师

丛书介绍

“国之重器出版工程”是中国工信出版传媒集团牵头策划打造的重点出版项目，聚焦国家制造强国、网络强国战略以及国防现代化等大政方针，出版“高原”“高峰”之作，服务行业建设和社会发展，为实现中华民族伟大复兴的“中国梦”贡献力量。《复杂体系工程系列丛书》能够入选“国之重器出版工程”，既是笔者莫大的荣幸，同时也让笔者感觉重责在肩。

目前，复杂性研究是科学界的热点和难点，特别是在工程领域，为了达到更为宏大的改造客观世界的目的，人类将多个独立的复杂系统组合起来协同工作，形成了系统之系统（System of Systems），即体系。体系的复杂性、不确定性、自组织性与涌现性等特性给体系的构建带来了新的挑战，传统的以降维解析为主要手段、以组织管理为内容核心的系统工程方法难以应对体系的复杂性所带来的问题，必须从其复杂性特性的机理研究出发，再深入结合工程构建过程，通过系统科学理论层面与系统工程操作层面的双重创新，才能真正破解工程系统的复杂性难题。笔者从事复杂工程系统的研制工作多年，并且有幸作为副总师参与了我国“航母工程”的研制工作，积累了大量的航母复杂工程系统研制的实践经验，从而有条件开展对复杂系统工程理论方法的提炼与总结工作。同时笔者也将此作为时代赋予自己的使命任务，于是便有了此套丛书的出版计划。

该套丛书旨在从大量的一线工程实践中归纳总结体系复杂性以及体系工程的本质特征和内在规律，并提出具有普遍意义的体系工程新理论、新方法。该丛书是由具有坚实理论基础和丰富实践经验的一线专家与核心技术人员群策群力、集智攻关形成的重大成果。

整体上,《复杂体系工程系列丛书》分为三部分，第一部分是对现有已经取得成果的梳理和总结，包含 1 册，即《武器装备体系原理与工程方法》，该书已出版。第二部分是核心部分，通过典型复杂系统工程实践，创造性地提出体系生命力新的理论，探索形成从降维解析到映射升维的复杂系统/体系创新设计思想和方法，从而指导体系集成和体系效能评估。第二部分包括 5 册，分别是《从降维解析到映射升维——复杂工程系统原理探索》《从隐秩序到显规则——工程体系基于 V++规则引擎的生态演进》《控制到引导——复杂性工程学派的有机适应性理论》《基于开放架构的体系集成方法》与《面向任务的体系效能评估》。第三部分是形成新应用的技术，侧重于为体系工程中面临的复杂高维目标优化、开放体系架构和体系可靠性等共性问题提供技术解决方案。第三部分包括 2 册，分别是《复杂系统通用质量特性分析与设计》与《复杂高维多目标优化方法》。

《复杂体系工程系列丛书》是编委会成员在复杂系统/体系工程领域十余年的研究成果的基础上，将工程实践中的知识、经验和探索性的思考归纳整理，集结成册。复杂体系工程在新时代背景下是一项具有开创性的工作，许多问题仍有理论上的争议和实践中的困惑，希望本套丛书能起到抛砖引玉的作用，引起更多的学者对复杂体系工程问题的关注、争论和批评，从而推动该工作的发展，为我国装备体系、经济体系、生态体系和国家治理体系等的建设提供指导。

在本套丛书的组织撰写过程中，得到了各方的大力支持和热情鼓励，得到了许多专家和同人的指导和帮助，编撰时也参考借鉴了许多学者的书籍和论文等成果，在此一并表示诚挚的感谢。

2020 年 11 月

丛书推荐序

当今世界随着经济、科技、政治、军事、文化和社会等的高速发展，各类复杂系统比以往任何时候的规模更大，内涵更加丰富，边界更加模糊，复杂程度更高。为了更好地理解、描述、处理与运用当今人类面临的复杂性，体系和体系工程应运而生。体系是复杂系统发展的必然趋势，具有难以分解还原的复杂性、难以描述预测的不确定性，以及难以调控的跨时空演化性和非线性、涌现性等行为表现。历史证明，工程技术常常超前甚至引领科学发展。人类在不了解或不掌握武器装备体系本质特征、行为表现和外在属性复杂关系的条件下，在具有频繁的调控→平衡→演化失衡→再调控→再平衡→……的武器装备体系工程实践中取得了很大成功。这就要求将武器装备体系工程实践的问题思考、知识积累和经验教训等进行归纳总结，形成对体系本质特征、行为特性的科学认识，丰富完善体系工程理论模型与方法，以推动系统科学、复杂性科学和工程技术等的发展。

《复杂体系工程系列丛书》实现了“从实践到理论再到实践”，既是对体系及体系工程原理规律的探索性成果，也是体系工程方法的创造性成果，又是复杂性科学研究的新成果。丛书主题突出，内容丰富，层次分明，深入浅出地阐明了复杂体系原理以及工程方法的内涵、本质和特征，通过清晰的理论模型和案例分析，将体系工程过程模型和工程实施方法呈现出来。期望该套丛书的出版对深入研究复杂性科学和丰富系统科学内涵有重要作用，能够推动装备体系与国家战略、经济规模、技术发展和后勤保障等的协调发展，能够有助于国家治理能力的提升。

中国科学院院士

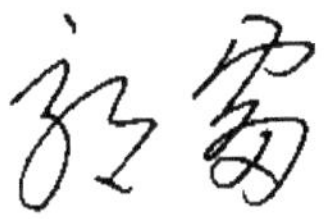

2019 年 11 月

推荐序

系统科学的复杂性研究是一个重要的研究领域，随着人类社会各类系统的发展及相关技术的持续演进，其新理论、新方法不断涌现。本书从复杂工程系统如何向工程体系演化，以及工程体系的秩序是怎么制定和维护的角度来破题。

首先，本书构建了从“生态”来定义工程体系的全新方式，提出一个鲜明的观点：“人造生态工程体系的使命是保持体系的长期运转和演进，而实现的办法就是构建基于规则的适应性机制”。作者进而提出理解适应性机制的更优模型是 V++模型，该模型基于复杂系统全生命周期的理念，可以对体系整体进行全景的分层描述。人造工程体系的适应性机制需要发掘体系的隐秩序，让隐秩序转换成显规则。为了更好挖掘隐秩序，需要构建一个抑制熵增的基于规则的逆熵体。

接着，作者介绍了 CPS 和数字孪生技术。提出 CPS 作为一种新兴的技术体系，是生态工程体系发现隐秩序的最佳工具，虚实映射是隐秩序与显规则的相互转化和循环促进的虚实混合空间。数字孪生的使用可以让虚界和实界握手，可以赋能体系以生命智能，可以发现实体空间不易发掘的隐秩序，并使之转化为改造实体体系的显规则，并在显规则的作用下再去构建和发现新的隐秩序，循环往复，迭代演进。人造生态体系的构建与演进也需要设计一个去中心化的体系规则，并能够自主演化，作者称它为“规则引擎”，以指导体系的演化和发展。

最后，作者通过工业生态的演进与船舶生态体系的实践探索来进一步论述 V++模型、CPS、数字孪生和规则引擎的作用，探索一种构建可演进工程体系的路径。

企业的发展乃至国家工业的发展都需要一个好的工业生态。本书从体系的角度来解构工业生态，是对工业生态研究的有益探索。工业 4.0 的核心理念与技术是 CPS，宏观地讲就是数字世界和物理世界的深度融合。从生态的角度来理解，就是物理生命体和数字孪生体的深度融合。物理生命体是在“孕育”（实体的设计开发过程）和服役过程（运行、使用）中伴随其数字模型的物理实体（如产品或装备）；数字孪生体是对服役或孕育过程中的“物理生命体”的数字化描述。数据好比物理生命体的“血液”，数据及智能赋予物理实体以“生命”。

机器装备下一刻的状态和未来的演化非常重要，通过对运行过程的数字孪生模型进行分析，可以控制运行，从而使物理实体变成物理生命体，有自我意识，能够自我控制。数字孪生场景非常重要。智能船舶是数字孪生的一个重要应用场景，这里面充分体现了过程孪生的重要性。以前不存在“过程孪生”这种定义，而随着数字孪生技术被应用到机器装备上，机器装备的孪生体在不断变化，机器装备运行过程中，各种参数发生变化，数字孪生体也是在不断变化。过程孪生还强调数字孪生的对象不仅仅是机器本身，还包含机器的使用者，因为机器的使用过程与使用者紧密联系。本书以船舶为例，说明船舶的数字孪生品不仅仅是船舶，船舶的运行过程也可以是数字孪生体的重要组成部分。

本还研究了数字孪生技术与工业互联网。基于工业互联网的本质特征是连接与集成，通过数字孪生的引入，实现物理和数字世界的融合，实现物理生命体和数字生命体的深入融合，从而提升了工业互联网平台的认知决策能力。

总体而言，本书搭建了对于复杂科学、工业生态、工程体系的一个理解框架，使得读者能够更好地理解 CPS、数字孪生、工业互联网、智能船舶等工业实践，解开工业生态神秘面纱，是一本值得一读的好书！

中国工程院院士

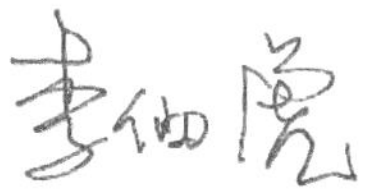

2021 年 9 月

前言

宇宙斗转星移，寒来暑往，自然界相生相克，适者生存，我们看到的是它们自主有序地运行和稳态演化，但是我们不知道是什么因素在起作用。

人体有自愈的能力，创口的自主愈合和感冒的不医而治是最简单的例子，这又是怎么发生的呢?

量子理论的诞生在给经典科学体系带来前所未有的冲击和震撼的同时，也带给人们认识世界的全新视角和手段，以至于爱因斯坦针对不确定性惊呼：上帝掷骰子吗?

这个世界有太多的东西需要我们去发现，甚至去重新认识了。

至少目前，我们知道宇宙的运行不是由上帝主宰的，而是靠自然法则，这是不以人的意志为转移的统御宇宙的隐性秩序，遵循吸引、自主创造和放任（自主决策）三大定律无始无终、无边无际地运行，它界定了宇宙万事万物之间的内在联系和互动关系，它是宇宙自有的运行规则，这些规则构建了大自然的适应性机制，保证了大自然的有序和演进。

人是自然界最复杂的个体，从中医角度来看，人体具有活力和维持一种稳态是由人的先天之炁和后天之气的运行、融合和转换而实现的。先天之炁是与生俱来的，是隐性的；后天之气是与环境交流（比如食五谷产生胃气）产生的能量，是显性的。后天之气得先天之炁，则生生不息；先天之炁得后天之气，始化化无穷。先天之炁与后天之气的转化维持着生命的稳定和进化。我们虽然对人体自愈原因的认识还有限，但是人病了，就是身体的稳态被打乱了，那么医生和药物的作用就是让人体重新趋向有序，从而恢复稳态。人体的自愈能力并不是由人的自我意识控制的，而是人自身就有恢复稳态秩序的能力，这种能力就是人体的自适应机制，而这种自适应机制的本质就是以“逆熵”为生。

世间万物包括人都是自然界的产物，我们不知道是“谁”在主宰它们，我们现在仅仅在认识世界、认识自己的道路上，但是我们应该知道，大自然生态演化是无中心的，我们最需要认知的就是那些促使大自然和生命体自主有序演化的隐性秩序，并使之转化为便于应用的显性规则，以更好地认识世界、服务人类。

人造系统的主要形式就是工程系统，而人造系统的最高境界就是模仿大自然。原来，我们人造的简单工程系统是有中心的，但是随着系统的组成越来越多，开始出现复杂工程系统，而复杂工程系统的多中心所带来的本质特性就是复杂性和不确定性。如何整体描述和把握复杂性和不确定性，并引导其向我们期待的方向演化成为我们新的挑战。

在新的挑战面前，复杂性带来了复杂工程系统的多中心使其演化也呈现更复杂的趋势，随着技术的进步和系统的异构多重，开始出现弱中心乃至无中心化的趋势，于是新的概念“体系”开始被更多地提及和关注，复杂工程系统如何向工程体系演化，体系是不是更大的系统，弱中心或无中心的复杂工程系统和工程体系的秩序是怎么制定和维护的，就成为本书研究的核心和重点。

系统需要秩序，所以早期的机械化时代有“行业”“产业”“配套”的概念；到了数字化时代开始出现“中心”这一概念，由中心实现管控；复杂系统的出现使系统秩序呈现多层多变的特点，于是开始了多中心化，并使系统的涌现呈现不可预测性；多个复杂系统的有机联系构建了体系，体系是弱中心的或没有中心的，无中心控制的人造体系如果要维持有序进化，就需要学习自然生态的生命属性，因为宇宙万物中只有生命体才可以抑制“熵增”。

自然界有其自身的自然法则和适者生存的适应性机制，而人造体系要想学习大自然的生态自主演化，不仅要赋能生命特性，还要学习大自然的自然法则。因此，人造体系首先要把自身从无机非智能体升级到有机智能体，其次人造体系内各主体的运行以及主体间协同的规则需要制定，并由一个无中心的引擎驱动，才能构建起复杂体系的适应性机制，才能像自然界似的形成生态，从而实现自主“逆熵”演化。

因此，人造体系的核心就是要构建一个稳态的“逆熵”机制，以适应各种冲击和正负反馈而恢复有序！构建这样的适应性机制，需要 V++模型对体系整体进行全景的分层描述；需要 CPS 技术对体系内各种关联关系进行认知和挖掘；需要数字孪生把体系由无机转换成有机逆熵体；最终需要基于规则的无中心化引擎驱动体系像自然界有机生态一样存续与演进。

就像大自然的稳态恢复和演化是靠自然法则，病人的稳态恢复是靠医生或药物干预下的自我恢复，那么人造体系的稳态恢复和演化要依靠的，就是这个人造体系适应性机制的规则引擎！人造体系的规则引擎要具备活力，就像人体的经脉和气息，在制造的时候要赋予它们先天之炁，并在演化中赋予其后天之气，促使其不断演进，所以就必须建造一个可以具备生命力的智能体——基于数字孪生的逆熵体，让复杂体系的关联得到认知和挖掘，让隐性的秩序转换成显性的规则。相当于通过认知自然界的自然法则，或者称“上帝法则”，提炼总结人类生存发展的科学规律和社会准则，所以基于数字孪生的逆熵体可以说是认识复杂性的“上帝之眼”，基于 V++的规则引擎可以说是管控复杂性的“上帝之手”，而统一起来，基于 V++的智能引擎就可以称作“生命之魂”了。

在已经到来的智能时代，我们基于 V++的智能引擎是赋能工程体系以有机生态，这样可以实现虚界与实界的握手、过去和未来的对话，用“上帝之眼”看未来，用“上帝之手”控全局，实现“虚界一天，实界一年”的千年梦想。这是转无机为有机、赋体系以生命的一次革命。

本书是笔者主编的复杂体系工程系列丛书中的一本，也是笔者复杂性研究三部曲中的第二部，是对大自然的致敬，更是对生命的致敬！在本书的成书过程中，笔者得到了李伯虎院士的亲切指导。李院士是长期从事仿真和智能制造领域的大家，他亲自为本书作序，既让笔者受到了莫大的鼓舞，也字句透出李院士对基于数字孪生智能制造的殷殷期待。同时，笔者还由衷感谢中信集团原董事长、中信改革发展研究基金会孔丹理事长；国际著名 CPS 专家、美国辛辛那提大学李杰教授和中国工程院院士、哈尔滨工程大学杨德森教授三位前辈和老师的精心指导和对本书出版的热情推荐。此外，笔者还要特别感谢我的妻子和女儿，我妻子用她天生的敏锐在每天的散步时光中不厌其烦地质疑和打磨着我的创新，让它从起初的漏洞百出到逻辑自洽；我女儿虽然在大学刚学习两年的法律，却在法律历史沿革的视角和架构上给了我复杂性三层规则全景描述的启发。在理论创新道路上还有太多的领导、同事以及朋友的帮助和支持，在此一并感谢，希望在你们的鼓励下，我能在复杂性研究的系统科学大道上继续前进！

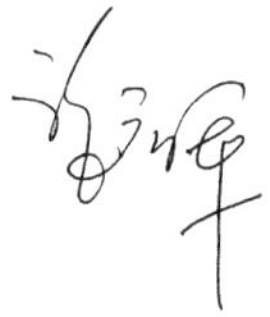

2021 年 8 月

目录

第1章

复杂性科学的历史与未来

纵观复杂性科学的历史，主要是以复杂性和系统科学为焦点发展起来的，一般可分为一般系统理论、系统自组织理论和复杂性系统科学理论三个阶段，而每个阶段又都以重要的不同理论产生为标志进行了划分。

一般系统理论阶段以贝塔朗菲的一般系统论、维纳的控制论和香农的信息论作为代表性理论，标志着系统科学的兴起。此“三论”奠定了后续系统科学研究的基础，开启了系统科学研究的新思潮。

系统自组织理论阶段则以普利高津的耗散结构、哈肯的协同论、托姆的突变论与艾根的超循环结构等自组织理论为代表，标志着复杂性研究在自组织理论方面已经取得了比较明确的成果。耗散结构理论也是第一个围绕“熵”展开研究的系统科学。

1984 年，圣塔菲研究所（Santa Fe Institute，SFI）的成立，标志着复杂性科学的真正兴起，它让复杂性科学成为一门专门的学科，极大地促进了复杂性系统科学的发展。圣塔菲研究所把计算机作为从事复杂性研究的最基本工具，用计算机模拟相互关联的繁杂网络，其中霍兰提出了“适应性造就了复杂性”的观点[1]，并引入了“复杂适应性系统”（Complex Adaptive System，CAS）的概念。这是复杂性科学真正诞生的时代，它是在自组织理论和分形、混沌等非线性科学理论的基础上发展起来的。

如果说一般系统理论解决的是系统在某一时间剖面上的组成、结构与稳定控制问题，那么系统自组织理论基本上解决的是系统在生命周期时间尺度内的动态演化问题。耗散结构理论明确了系统除了平衡态的稳定结构外，还有远离平衡态的耗散结构，并且指出了达到耗散结构的条件。协同学则研究了系统在结构上如何达到耗散结构的原因，即通过系统内部的竞争与协同的促进。突变论则从数学的角度描述了系统状态变化的一般规律，为自组织系统理论的发展提供了数学工具，提升了自组织系统理论的成熟度。而超循环结构理论则从分子生物学的角度，探寻了生命系统质变与进化的机理。而在自组织理论和分形、混沌等非线性科学理论的基础上发展起来的复杂性科学，促使人们对混沌现象开展了不断的深入研究，并进一步确信了“混沌”才是我们所处世界的本质。

总结系统科学发展的历史，我们可以从历史唯物观的角度回顾过去，从技术发展的角度展望未来，从中可以看到系统工程和系统科学走过了一条从简单系统到复杂系统、从系统工程到系统科学的路。在新技术和新工程的催生验证下，又在探索着从中心化到去中心化、从实体到虚实映射、从他控到自主、从熵增到逆熵、从个体到集群和生态、从无机到生命有机的发展之路，系统科学的复杂性研究将迎来新理论、新方法的又一个春天。

1.1 复杂性的来源

复杂性之所以复杂，在于它的实际表现具有无穷的多样性和异构性。普遍适应的“复杂性”定义也许并不存在，物理、生物、社会、意识这些现实世界的不同层次各有不同的复杂性，因此允许不同领域有不同的“复杂性”定义。

目前，由于复杂性在科学界没有形成统一的定义，因此复杂性科学认为，可以先避开正面定义复杂性，从复杂性的产生根源入手，考察它从哪里来，在什么条件下产生，这样可以对复杂性的内涵形成具体的理解。

1. 源于系统规模的复杂性

规模能够影响系统的复杂性，同类的组分，同样的结构模式，仅仅增加规模就可能导致系统性质上的易变，形成系统规模效应。规模大的系统可能带来复杂性。

2. 源于多样性的复杂性

少样性难以产生复杂性，复杂事物一定具有多样性。系统组分种类多样化、组分互动方式多样化、系统可能行为状态多样化、功能目标多样化、评价指标多样化、系统与环境互动方式多样化、未来可能路径多样化等，都是系统产生复杂性的重要根源。系统的多组分和组分多样性是产生复杂性的内因。

3．源于等级层次结构的复杂性

系统具有层次结构，是指系统的最小组分（元素）与整体之间至少存在一个中间层，从元素经过中间层的逐步过渡，才能到达整体层次。多层次系统的底层因素需要从低到高逐层整合而形成整体，这种层次结构使复杂性因素增加。一般来说，中间层次越多，系统的结构越复杂，系统的状态、行为和属性也就越复杂。

4．源于开放性的复杂性

开放性意味着削弱了系统边界作用，系统与环境进行能量、信息等方面的不断交互。外部环境一般都具有多样性、差异性、易变性和不确定性。在开放条件下，它们会通过系统跟环境的互动反映到系统内部，进而影响组分之间的互动，形成复杂的结构；同时，内部的互动又会影响系统跟环境的互动，甚至影响环境本身，使系统与环境的关系复杂化。

5．源于系统动力学的复杂性

易变性是复杂性的一种表现形式，也是复杂性产生的根源之一。时间对系统行为特性的影响、系统状态随时间展开而发生变化的现象，形成了系统的动态特性，相应地成为动态系统（动力学系统），使其行为呈现出动态的过程。从系统动力学的角度出发，系统的复杂性源自系统的原因和结果之间存在着多对多的关系，即每个结果可能是由多个原因引起的，而每个原因又可能导致多个结果，而且原因和结果的因果链存在着反馈循环。正是因为这种因果链的反馈循环，导致了系统的非线性与不确定性，从而使系统具有丰富多彩的复杂性。

6．源于非平衡的复杂性

系统的演化离不开系统的非平衡性，在系统中，平衡总是暂时的，非平衡才是永恒的。从系统失去平衡态到下一个平衡态形成之前，系统的行为、结构和状态的变化具有很大的不确定性，从而形成了系统非平衡态的复杂性。耗散结构理论为系统的这种复杂性提供了物理学的解释。

7. 源于不可逆的复杂性

不可逆说明系统无法回到以前的状态，不能执行过去的行为等。如果一个过程能够反向进行，就不构成复杂性，复杂性只可能出现在不可逆的过程中。

8. 源于非线性因素的复杂性

非线性是产生复杂性的关键因素，非线性具有创造性、创新性，非线性因素在重复运作中会带来新特征或新属性，并通过量变的积累形成意想不到的质变。非线性有很多种不同的表现形式，能够产生性质不同的复杂性。特别是当非线性和动态性交织时，复杂性就会产生和形成。

9. 源于不确定性的复杂性

系统中存在各种各样的不确定性，如偶然性、随机性、混沌性、模糊性、灰色性、多解性等，都可能产生复杂性。

10. 源于主动性、能动性、智能性的复杂性

具有主动性、能动性的主体组成的系统，由于大量的主体相互激发、相互制约、相互适应、相互竞争，整体系统就会产生复杂性。复杂适应系统理论的研究对象就是大量行动者在多变的环境中相互适应，并在适应环境的过程中使系统变得更复杂，也就是适应性造就复杂性。

11. 源于人的主观因素的复杂性

人的感情、思想、意志和认知都十分复杂，它们本质上无法还原到部分去解析，无法给出定量的描述。系统中有人的感情、思想、意志和决策等因素的作用，造就了系统的复杂性。

综上可知，我们仅仅从复杂性形成的表征现象上做了分析，复杂性的本质究竟是什么呢?

1.2 复杂系统的本质

我们从复杂性的历史和来源可知，这个世界的本质就是复杂的，所以认识世界、改造世界的根本任务就是要科学地认识和解决复杂性问题。复杂系统的共性特征是什么，复杂性科学有统一的理论吗？我们从复杂系统科学的发展历史可知，从“老三论”到“新三论”，没有统一的物理学理论，混沌

和熵增才是这个世界的本质，而如何描述这个混沌的世界呢？

随着技术的进步，运用复杂系统认识和改造客观世界的实践越来越多地出现在我们面前。复杂系统从定量上讲，系统模型是高维、高阶的，具有多输入、多输出的特点；从定性上讲，系统具有非线性、外部扰动性、结构与参数的不确定性和涌现性，有复杂和多重的控制目标和性能指标。具体地说，复杂系统一般具有的特性没有统一说法，本书借鉴笔者在《从降维解析到映射升维——复杂工程系统原理探索》一书中，基于大量国防武器装备体系的实践，对复杂系统特性的总结归纳，即九种特性[2]，供大家参考。

1. 系统性

系统性也称作整体性，是指复杂系统的各个部分构成了一个有联系的整体，共同达成特定的、子系统的部分无法完成的整体性目标，体现了系统的“1+1>2”的特性。

2. 规模性

规模作为系统的一个属性时，一方面规模的扩大会增加系统的复杂性；另一方面，系统的规模也不会无限地扩大，在系统其他属性的约束下，而呈现出一定的规律性。复杂系统的规模庞大，维数很高，子系统的数目、变量的数量巨大。

3. 层次性

从系统的定义来说，系统是具有层次嵌套的，复杂系统往往可分解为多层次结构。层次性又与涌现性互为因果，因为涌现特征总是系统从低层次指向高层次的，都是低层次所不具备的发生“质变”生出的新特性。

4. 非线性

复杂系统中的非线性因素往往是由一定数量（或大量）非线性元件（或子系统）的组合及其相互作用而产生的，本质上不同于线性元件的组合及其相互作用。实际上，复杂系统中的非线性因素（内部及环境的因素）及它们之间的相互作用是形成复杂性的重要条件。

5. 涌现性

系统之所以能成为系统，必须有它的整体性特征，这些是系统的各成员部分所不具备的，在这里称作涌现性。对于复杂系统来说，其涌现性尤为突出，且不易被人们完整认识，即复杂系统常具有尚未被认知的涌现性，也就是隐性的秩序。

6. 不确定性

按照系统科学里的混沌理论，非线性确定系统本质上是混沌的，但混沌是局部的不确定性与整体的确定性的辩证统一，也就是个体的扰动与整体的稳定的辩证统一。

7. 次优性

由于复杂系统中往往存在多个目标，且相互影响，系统的控制目标往往不可能有唯一解，导致控制目标在寻优的过程中，只能达到“次优”或“满意”的程度，所以复杂系统更多地应该是方向的引导，而不是精确的控制。

8. 自组织性

自然复杂系统内部的有序结构或这种有序结构的形成过程是由系统成员之间自发形成的，是系统内部各成员遵循的规律的综合涌现，比如大自然的繁衍生息。人造复杂工程系统的设计，就是要构建有利于系统成员联系的有序结构，并制定有利于系统稳定和效能实现的演化规则。

9. 有机性

复杂系统的成员不仅是相互联系的，而且随着成员系统之间复杂的交互关系的不断作用，在整体上往往表现出一定的有机特性。在系统的外界环境发生改变时，复杂系统通过内部的调节和规则的变换，维持相对的稳定性，从而表现出一定的有机适应能力，类似于有机生命体的自适应能力。

从复杂系统的本质特性的总结分析可以看出，九个特性的共同属性都或多或少地指向了生命有机。

在从夸克进化到智能时代的过程中，复杂系统经历了两次质的跨越，一次是从无机到生命有机的跨越，另一次是从动物本能到人类精神的跨越。这两次跨越把复杂性分为四个层次（见图 1.1）：一是无机的自然物质系统，它的演化发展遵守的是自然界中的物理与化学规律，如热力学第二定律、耗散结构、协同演化等，称之为“自组织复杂性”；二是工程物质系统，是人类对自然物质系统进行了功能改造，虽然未改变其物质特性，但赋予了它们新的功能，系统的功能自从其建立的那一刻起，它的演化发展便开始了其熵增的过程，所以称之为“功能熵增复杂性”；三是生命有机系统，它的演化发展遵循的是以目的为导向的自适应性，如达尔文的物竞天择的进化论，霍兰的复杂适应系统理论等，称之为“自适应复杂性”；四是社会系统，是由人的精神世界共同构筑的社会系统，它的演化发展取决于群体内个体的心理活动，归根到底是个体在处理事情时的决策博弈过程，称之为“决策博弈复杂性”。

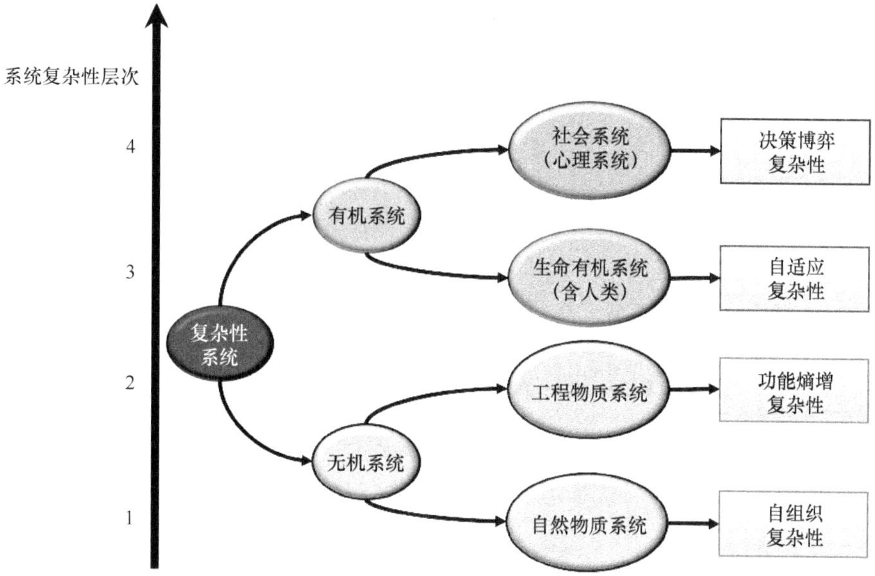

图 1.1　工程系统复杂性层次

这四个层次之间具有递进关系，如生命有机系统是以无机系统为基础的，任何生物体都是由基本元素构成的，而社会系统的基础是以人为基本单元的生命有机系统。

需要特别指出的是，随着智能技术的蓬勃发展和广泛应用，工程物质系统里设备的无人化、智能化趋势显著，而生命有机系统随着穿戴设备和人机融合的发展，也越来越与工程物质系统密不可分了，这使原有的复杂性划分的无机和有机的界面呈现模糊和跨界。如何使生命有机系统的自适应特性赋予工程物质系统，改造其原有的熵增的特性为逆熵，构建工程物质系统的自适应性机制，使其突破无机与有机的界限而具备生命体的特性，这就是本书研究的宗旨（见图 1.2）。

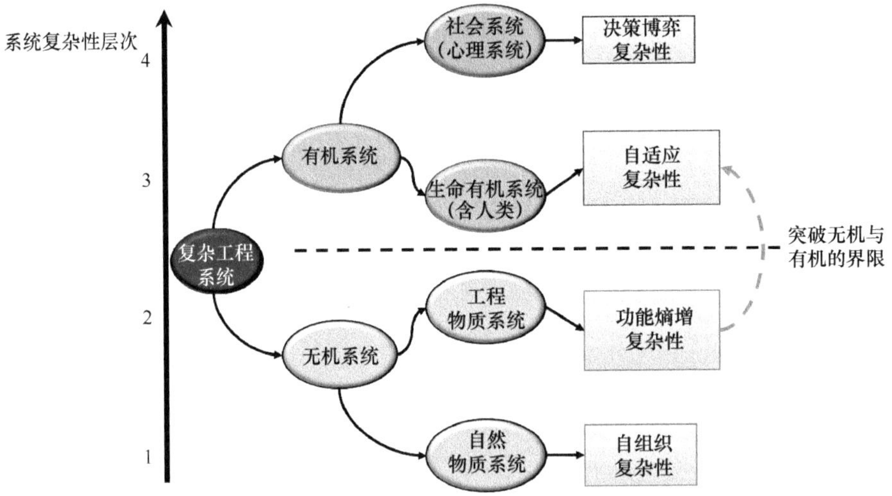

图 1.2　生命有机系统和工程物质系统的融合研究

1.3　复杂系统的适应性机制

1.3.1　适应性造就复杂性

有机体的一个神经元在千分之一秒的时间里，与其他神经元同时发生几千次的相互作用，这些大量的相互作用，获得了对彼此之间以及与环境之间变化的了解，从而实现自身的调整以适应对方或环境。

复杂系统的综合与协调都依赖主体间广泛的相互作用、多种元素的聚集，以及适应和学习。主体的行为可以看作由一组规则决定的彼此之间的刺激与反应，一个刺激产生一个（一组）反应，就是一个典型的“刺激-反应”规则。对于一个给定的主体，一旦我们指定了可能的刺激（输入）的范围，以及估计可能做出的反应（输出）集合，我们就可以确定主体应该具有的规则的种类。然后，按行为的顺序考察这些规则，我们就可以得到主体行为的描述，正是在这一点上，“学习”或者“适应”的概念就开始引入了。

著名科学家约翰·霍兰提出的复杂适应系统（Complex Adaptive Systems，CAS），用七个基本点，即四个特性、三个机制，来描述复杂适应系统，实际也是通过这七个基本点来描述复杂性机制的内涵[1]。

1. 聚集（特性）

聚集（特性）是简化复杂系统的一种标准方法，通过简单主体聚集的相互作用，涌现出复杂的大尺度行为。

2. 标识（机制）

标识（机制）是为了聚集和生成边界而普遍存在的一种机制。

3. 非线性（特性）

线性，简单地说就是把各部分的值相加能得到整体的值，而非线性则不能。相互作用的适应性造就复杂性，如果我们反过来思考一下，为了减少或者降低复杂性，要么是减少主体，要么是减少主体之间的相互作用，或者二者都减少。这种作用尽量在高一级主体或者更高的层次组织上进行。

4. 流（特性）

流是随时间而变化的，随着时间的流逝和经验的积累而反映出变易适应性。流包含两个重要特性，就是乘数效应和再循环效应。

5. 多样性（特性）

任何单个主体的持续生存都依赖其他主体提供的环境。当主体生存发展产生了可以被其他主体利用的相互作用机会时，多样性也就产生了。复杂系统的多样性是一种动态模式，通常具有持存性和协调性，每一次新的适应，都为下一步的相互作用和新的业态位置提供了可能性。

6. 内部模型（机制）

内部模型分成隐式和显式两类，但无论哪类都承担着预知的任务，并由预知增强了生存机会和能力。这个模型可能就是我们通过学习积累而不断演化的基础。

7. 积木（机制）

积木是人们认识复杂世界规律的工具，较高层次的规律是从低层次规律推导出来的，将某个层次的积木还原为下一层次积木的相互作用和组合是研究复杂性的关键。使用积木来生成内部模型，是复杂适应系统的一个普遍特征，若模型是隐式的，则发现规律和组合积木的时间比较长；若模型是显式的，则发现规律和组合积木的时间比较短。

复杂适应系统就是由规则描述的、相互作用的多主体组成的系统，这些系统的主体随着时间和经验的积累，靠不断调整变换规则来适应，其中任何主体在适应上所做的努力，都是要去适应其他适应性主体的。使用一组规则就能够生成可用计算方法描述的任何行为，规则是描述主体策略的一种方便途径，这一复杂适应性理论能够让我们把复杂性的本质与迷人的外表和偶然的特性区分开来。理论给我们提供了前进的方向和路标，正是在 CAS 这一理论的指导下，霍兰才发明了著名的遗传算法；也正是在这一理论的启发下，笔者才大胆地在复杂工程领域引入生命力的构想，去探索人造工程体系的适应性机制。

1.3.2 基于规则的适应性机制构建

根据霍兰的“适应性造就复杂性”这一论断，要完成好复杂系统的设计和建造，就要既遵循复杂系统特性的客观存在，也认识到人造系统不像自然系统具备自我演化的机制，所以需要人为构建适应复杂系统的演化发展的适应性机制，让复杂系统的不确定性得到控制和管理，让涌现性得到引导和利用，以实现人造复杂系统的动态稳定和生态演化，从而促进复杂系统的有序演进。

人造复杂系统通过构建适应性机制来提升系统内主体之间以及对外部环境的适应能力，从而改造成为霍兰定义的复杂适应系统（CAS）。正如霍兰所说：复杂适应系统就是由一系列规则描述的、相互作用的多主体组成的系统。构建复杂工程系统的适应性机制，要从制定复杂工程系统相关规则入手，规则表现为复杂工程系统内部各成员实体之间的运行与交互，我们称这些成员实体为主体，因此主体是规则的作用对象。

规则既要描述主体，也要描述主体之间的关系；既要描述微观，也要描述中观和宏观；既要描述运行，也要描述演化。复杂工程系统通过规则的驱动建立起适应性机制，一方面要不断调整自身来应对内外环境的变化；另一方面要利用经验的积累和学习来调整规则，从而推动复杂工程系统不断向熵减的方向发展，变得更加智能、有序。

1.4 复杂系统适应性机制的模型表达

1.4.1 复杂系统的核心元素模型 DE-CAMPS

受霍兰在《隐秩序》（见图 1.3）一书中所提出的七个基本点的启发，我们在复杂系统设计的过程中提出了以下七个核心要素。

图 1.3　约翰 · 霍兰教授和他的《隐秩序》

1．能力

能力是复杂系统需求的真实目的，因此能力是正向设计的起点。将复杂系统的使命转化为能力项需求，有两种维度的分解方式，一是基于任务来设计能力，需要在典型任务场景下，分析完成典型任务所需的能力项，能力项一般具有层次关系，为了更好地支撑能力项的分解，我们需要整理出领域内的基本能力包，在分析时可参考基本能力包来进行能力项选择；二是基于效能来分解能力指标，适用于相似复杂系统迭代设计过程中对复杂系统内各系统的技术指标比较清楚时，可将复杂系统使命任务对应的整体效能逐层分解到系统具体的技术指标，用于指导设计。

2．架构

架构是指复杂系统的组成以及组成之间的耦合关系。通过对复杂系统能力的分解，我们得到了复杂系统的能力集合，并依此作为复杂系统组分系统的选择依据。待组分系统确定后，下一步便是设计组分系统之间的耦合关系。由于复杂系统一般具有地域分布性，因此系统之间的耦合关系通常通过信息交换的方式来实现。复杂系统架构设计通常采用多视图建模方法。

3．模型

模型是复杂工程系统物理实体规律的反映，是信息的一种高级表达，它呈现高度组织化的特点，而且可以方便地重复使用。重用性是模型的最大优点，这符合人类分类记忆的需要。基于模型驱动的系统工程方法（MBSE）

既提供了一种统一的系统设计模型语言，便于项目组员之间沟通确认，又提供了一种经验累积和可重用平台，提高了效率，积累的模型数据可作为组织的资产，供后续项目使用。

4. 流程

流程是指复杂工程系统为完成使命任务，各操作人员与各成员系统人-机、机-机之间交互与协作的过程，是系统状态转变的内在驱动力。流程设计需要考虑合理性、高效性和安全性，可以通过设计面向领域的流程编排工具与流程仿真工具来展示流程设计的效果，并评估流程的效能。

5. 生命力保障

生命力保障是将无机的工程系统改造成为生命有机系统的过程，这是一个循序渐进的过程。我们提出了按照先易后难的策略，将生命力分为四个层次，分别是生存力、恢复力、学习力与进化力，每个层次都有对应的有机特性属性。

6. 环境协同

环境协同是系统能力的生成、验证与确认所必不可少的约束条件。环境协同中的环境包含外部自然环境和系统运行的多主体环境。外部自然环境通常包括温度、湿度、盐雾、振动、光照、电磁环境等，多主体环境既包括与系统交互的我方主体，也包括与系统交互的对方主体。

7. 数据

数据是获取能力需求的来源，是构建模型的基础，是流程优化的依据，也是构建虚拟空间映射系统时提炼知识的基础。数据驱动主要针对复杂系统的非线性特征，建立系统内部变量之间的相关性关系，而不是精确的解析式关系。数据使系统内变量之间的关联关系、隐含的秩序能得到很好的认知和显性化的表达，从而加强对复杂系统全局和规律的把握。

综上所述，我们针对复杂系统的特征，从面向能力（Capability Oriented）、基于架构（Architecture Based）、模型支持（Model Support）、流程连接（Process Connected）、生命力支持（Survivability Support）、环境协同（Environment Coordinate）以及数据驱动（Data Driven）几个重要方面开展了工作，从而提出新的复杂工程系统构建过程的核心要素模型，即 DE-CAMPS 模型（见图 1.4）。若读者想了解详细内容，可参见笔者的《从降维解析到映射升维——复杂工程系统原理探索》一书。

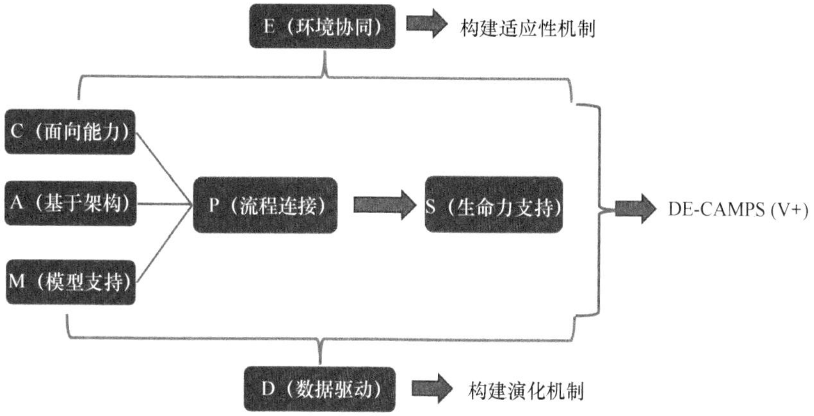

图 1.4　复杂工程系统 DE-CAMPS 模型

1.4.2　复杂系统的全生命周期 V++模型

系统工程的 V 模型是一个典型的过程模型，其实质是一种还原论的方法，将复杂的系统分解为更小的部分进行分别设计，然后集成为系统整体，再进行验证与确认。在系统的复杂度低的时候，该方法被证明是非常有效的，但应用到复杂系统中时，还存在以下几点不足。

（1）V 模型过程是一种先通过降维分解，再进行集成验证的过程，但分解过程不可避免地破坏了复杂系统成员系统之间的联系性，会造成系统整体性缺失。

（2）V 模型中的分解是简单的，而复杂系统的顶层能力是成员系统协作动态涌现出来的，因此复杂系统的能力无法通过 V 模型的分解方法来开展。

（3）V 模型是一种顺序过程，到研制阶段后期，等到复杂系统集成完成后才能开展顶层能力验证，一旦有大的修正，会导致代价大、效率低。

（4）V 模型是静态的，不考虑系统成员之间的动态交互，无法构建复杂系统适应性机制。

动态有机性则是复杂系统自组织性与涌现性的综合体现，复杂系统必须具备一定的自适应能力，才能应对环境变化与主体之间的相互作用。因此，复杂系统的适应性机制应该包括自感知、自恢复、自优化的有机特性，而有机性已成为复杂系统设计的目标之一，因此有机性是实现复杂系统适应性机制的关键。

那么，如何赋予复杂系统有机性呢？

让复杂系统“活”起来，就要引入时间 T，就是要在动态流程中去感知、去学习、去进化，也就是要让复杂系统生出“生命之魂”。运用信息物理融合系统（CPS）技术架构和数字孪生技术，构建复杂系统基于流程的动态虚实映射关系，可以实现复杂系统从还原解析到数据映射的转换，进而实现复杂系统从降维到升维的跃迁。为此，笔者在《从降维解析到映射升维——复杂工程系统原理探索》一书中提出了复杂系统全生命周期的 V++模型，如图 1.5 所示。

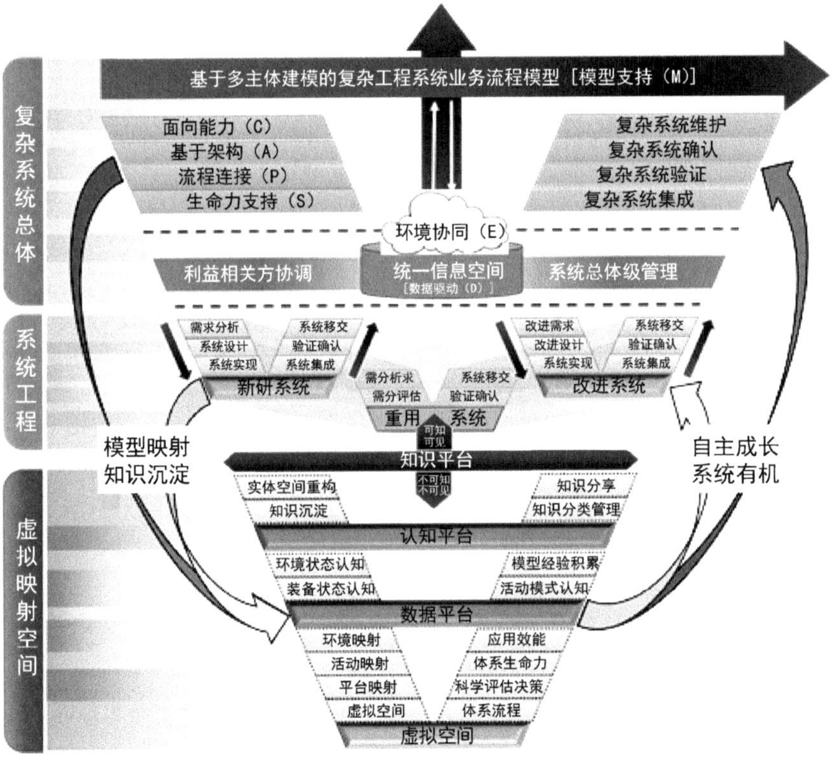

图 1.5　复杂工程系统全生命周期的 V++模型

（1）复杂系统总体层：依据复杂系统核心元素，在顶层业务流程模型和统一信息空间数据库的支持下，完成复杂工程系统能力需求分解、系统架构设计、系统业务流程设计、系统生命力保障设计、系统集成、系统验证与确认以及系统维护，并重点关注利益相关方的协调与系统级管理工作。

（2）系统工程层：根据复杂系统内部成员系统的特点，按照新研系统、改进系统和重用系统三种类型开展系统工程的过程裁减。

（3）虚拟映射空间：通过模型映射、数据认知、知识沉淀、自主学习，将复杂系统构建成一种基于数字孪生的有机适应性系统，解决复杂系统的虚实映射、隐秩序发掘和系统动态演化。

V++复杂系统设计模型的三层要素构成两个重要的“+”的过程：

（1）复杂工程系统构建过程+：是指复杂系统总体层和系统工程层相互作用实现复杂系统构建的过程。该过程通过数据驱动、面向能力、基于架构、模型支持、流程连接、环境协同与生命力支持等核心元素，设计和实现复杂工程系统物理实体的集成与验证。

（2）复杂工程系统演化过程+：是指复杂系统总体层、系统工程层共同构成的物理实体空间和虚拟映射空间相互作用实现 CPS 的过程。该过程的实现采用有机观点和适应性规则描述，构建信息空间的智能数字化虚拟映射体，通过复杂系统的数字孪生映射实现自主学习，不断迭代演化，将物理复杂系统中的不可见秩序变为可见、不可知的规律变成可知，解决不可知、不可见问题，促进复杂系统的不断进化，使复杂系统具有自感知、自恢复、自学习等有机特性，从而实现对复杂工程系统的动态演化。

1.4.3　从降维解析到映射升维

系统工程 V 模型应用于复杂系统时，采用的仍然是传统的“降维解析”方法，这种方法最大的难题就在于如何在设计过程中正确地“升维”还原到复杂系统原来的状态，包括系统参数维度上、时间维度上、指标维度上和系统层次维度上，其中系统参数维度与系统层次维度是一件事情，因为系统参数的分离是随着系统层次的分离同时发生的，因此我们在考察复杂系统过程时，需要针对时间维、指标维和系统层次维上的“降维解析”情况分别考虑，寻找适宜的“升维”方法。

复杂系统的 DE-CAMPS 方法就是在数据与环境协同的共同作用下，通过能力分解与验证、架构的多视图描述与融合、流程建模与连接、模型设计与优化，再通过生命有机性赋能，共同实现对复杂工程系统“降维解析”之后的“映射升维”。

如果说复杂系统 DE-CAMPS 核心元素模型实现的是复杂系统子系统与系统总体实体间的“映射升维”，那么 V++模型则是在其基础上，更进一步地通过构建虚实映射的复杂工程系统数字孪生模型，实现了虚实间的“映射升维”，即在数字空间实现了复杂工程系统的维度还原。

构建复杂工程系统的虚实映射模型系统的好处是不言而喻的，因为在数字空间里，我们既可以与物理系统并行运行，也可以运用几乎无限且廉价的算力，开展系统的仿真运行或超实时运行，并利用积累的已有系统运行的大数据，挖掘出系统内部的隐性秩序和规律，用于对实体物理系统的认知和改进，并可通过不断的迭代优化过程推动物理系统实现演化发展，而这个过程正是 DE-CAMPS 模型中生命力理论的核心要义。因此我们说，V++模型与 DE-CAMPS 模型其实是统一的，都是强调运用虚实映射的系统架构实现复杂系统生命力的赋能，只是 V++模型侧重于全周期，加入了动态性的演化规则，而 DE-CAMPS 模型则侧重于核心要素，更好地衔接了解析方法。可以说，V++模型和 DE-CAMPS 模型是解决复杂系统方法的一体两面，是构建复杂系统适应性机制的关键。

1.5 复杂工程系统与工程体系

1.5.1 系统、复杂系统和体系

系统无处不在，系统之所以成为系统，不仅是由其组成决定的，更重要的是组成之间的关联关系，这种关联关系涌现出来的整体属性，我们称之为系统，而复杂性是系统的本质属性。我们知道，在对系统进行还原分析时，系统组成之间的内部规律是极其复杂的，即便是一个简单的原子，我们将组成它的质子、中子和电子按任意的方式排布，就已经不是原来那个原子了。随着人们对系统的复杂性认识的加深，以及系统组成的要素越来越多，尤其是信息技术的发展，把更多主体通过信息和网络构建成一个整体，而不仅仅是机械连接，复杂系统的概念开始越来越多地出现了。

概括地讲，对于系统来说，组成系统的子系统之间是强耦合的，无论系统缺少哪一部分都会影响系统功能，而且系统的管理方只有一个中心；对于复杂系统来说，组成复杂系统的系统之间是弱耦合的，复杂系统的管理可能随着时间的变化出现多中心；对于体系来说，系统或复杂系统是体系的重要组成，每一个成员系统都是一个独立的主体，体系的成员系统之间是松耦合的，都有自己的管理方，都是中心也就都不是中心，所以体系呈现弱中心化或去中心化的趋势，运行独立性与管理独立性是体系的显著特点。

可以从几个方面进一步对系统、复杂系统和体系进行差异性分析。

1. 需求边界

需求边界的不同是系统、复杂系统和体系的一个重要区别。系统有确定的边界；复杂系统的边界开始出现弹性；体系没有严格的边界，多一个成员系统或少一个成员系统，体系变化不大。

2. 行为的涌现性

行为的涌现性也是系统、复杂系统和体系的一个重要区别。系统的行为基本都在设计之内，或许对于部分的故障情况来说，存在未曾考虑过的系统运行路线，但总体上未知的涌现性有限；复杂系统由于系统之间的联系更广泛，关系更复杂，不可预见的故障或主体之间作用效果开始出现，复杂系统的行为流程也出现不能穷其尽的情况，涌现性开始增多；对于体系来说，因为体系的成员大多来源于不同的管理者，所以体系总体在设计时考虑更多的是系统对体系有贡献的部分，对于独立运行、自主管理的成员系统来说，参与体系能力形成之外的功能很可能给体系带来不确定的行为涌现，随着体系规模的扩大和体系内主体的变换，这种不确定性也逐渐增加。

3. 人的因素

人的因素在系统、复杂系统和体系中的作用也有不同。对于系统的运行，人一般在系统回路之外，是系统的操作者或控制者；在复杂系统中，人可以成为复杂系统运行回路之内的一员，人不仅是复杂系统的控制者，也可以是复杂系统的参与者、指挥者或决策者；在体系中，没有一个最高决策者在组成体系的若干复杂系统或系统之上实施精准控制，体系的成员之间主要是基于规则进行交互的。

4. 环境因素

无论是系统、复杂系统还是体系都依赖环境而运行，但是它们对环境的依赖度是逐渐递增的，而且对环境的影响度也是逐渐递增的。

5. 熵增的效果

系统有序是最好的，相对刚性，其熵增的趋势是线性的；复杂系统的弹性使其有序性降低，熵增趋势出现非线性；体系基本不是刚性的，所以其有序性始终是在动态中维持的，其熵增的趋势多为非线性。

6．进化式发展

进化式发展是系统、复杂系统及体系三者之间的另一个重要区别。系统难以实现自主进化，需要通过系统的升级换代出现新系统；复杂系统呈现进化发展的特点，但是不能自主进化；体系的这一特点尤为突出，随着新的主体加入体系中，改变了体系的状态和运行过程，推动着体系能力进化，而且体系有时可以实现涌现后重新认知，从而实现自主进化。

1.5.2 工程系统、复杂工程系统和工程体系

人类改造世界的实践属于系统工程，而实践的具象成果就是工程系统。钱学森在其构建的系统科学体系中，包含了工程技术、技术科学、基础科学与哲学四个层次[3]，如系统工程属于工程技术层级，运筹学、控制论与信息论属于技术科学层级。随着技术的进步以及改造客观世界需求的深入，工程系统的规模也越来越大，复杂程度也越来越高，工程系统的涌现性和不确定性给人类带来了很大的挑战，工程系统的复杂性备受关注，于是开始提出“复杂工程系统”这一概念，并越来越多地出现在改造客观世界的实践中。工程体系是复杂工程系统的集合和生态化表达，工程系统和复杂工程系统是工程体系的元素和具象化存在。

工程系统的特点大多呈现无机性，系统边界相对固定；复杂工程系统的特点是呈现无机、有机的融合，系统边界相对弹性；工程体系呈现的特点是有机为主，工程体系边界有很强的自组织调节能力，工程体系更像是一种有机的“生态”。体系的自组织性尤为凸显，部分成员系统的退出或加入会让体系演化成新的形态，这种演化是体系内部自组织完成的，体系内部的自组织规律便是霍兰教授提出来的复杂适应系统的隐秩序。体系内大量的自组织行为既给体系的管理带来了挑战，同时也为体系涌现出类似于自然界的有机特性提供了基础条件，工程体系将成为一种能够适应主体和环境变化，表现出有机生命特性的生态组合。

工程系统可以是从零开始构建的一个新工程，复杂工程系统一般不会全是新的，可以借鉴一些可用的工程系统作为复杂工程的主体组成，而工程体系一般不是从零开始构建的，工程体系是为达成单个工程系统无法完成的更高层次的任务，而将多个已有工程系统或复杂工程系统集成起来协同工作而构建出来的。多个独立的工程系统集成在一起，构建的是复杂工程系统，多个复杂工程系统构建的才是一个体系。

1.6　人造工程体系的复杂性

1.6.1　人造工程系统的发展

根据科学、技术与工程的三元论观点，三者相互依存但又各有特点。科学重在探索和发现，技术重在创新与发明，而工程则重在集成与构建。科学是技术的理论基础，技术是科学应用的载体，同时技术的创新也推动了科学的更进一步发展，工程是科学与技术的集成应用，既为科学与技术的发展提供需求牵引，又为二者的发展创造新的条件。人造工程系统是科学、技术、工程共同作用的产物。

人类早期的人造工程系统主要用于农业、战争和墓葬，如农业工具、水利设施（都江堰）、战争武器、防御工事（长城）和帝王陵墓等，体现的科学和技术成分较少。直到第一次工业革命，蒸汽机的出现，机械动力代替人力，科学与人造工程系统第一次紧密结合起来，大大提升了人类的生产力水平，同时也激起了人们开展以物理和化学为代表的自然科学研究的热忱。到了第二次工业革命，科学界掀起了一股“发现新的科学规律、指导新的技术发明，并投入新的工程应用中去”的风潮，电气化迅速代替了蒸汽动力，人造工程系统中科学与技术的成分越来越丰富。

此时的人造工程系统还只属于无机世界的范畴，直到第三次工业革命，维纳的控制论将电子元件与机械装置连接在一起，形成了稳定的、自动化控制的系统。更重要的是，控制论中的反馈机制与学习机制突破了无机世界与有机世界的界限，使人造工程系统理论上开始具备展现有机世界适应性的能力，再加上计算机的问世和发展，存储、记忆、反馈与学习，给人造工程系统插上了遐想的翅膀——无机的人造工程系统能否展现出类人的智慧？于是人工智能、元胞自动机、遗传算法等与人工生命理论相关的研究相继问世，以计算机为中心的人造工程系统的新形态基本成型。

近年来，云计算、大数据、机器学习、物联网和快速无线网络技术的飞速发展将人工智能技术推到了人类技术发展的前沿，AlphaGo、“波士顿”机器人、自动驾驶汽车以及已经普遍应用的人脸识别、语音识别等技术展现了人工智能技术在追寻类人智能的道路上不断突破新的高度，人工智能技术是否会失控已经引起了人类的焦虑。在工业制造领域，以自感知、自优化配置与定制化生产为特征的信息物理融合系统（CPS）技术方兴未艾，进一步体现了生命有机系统的适应性特性对工业制造系统的赋能作用，同时也开启了第四次工业革命的大门。在人类技术发展的历史上，战争需求从未缺席，在武器装备领域，体系化、无人化与智能化的发展趋势也激发了无人自主作战技术的发展，大大改变了未来战争对抗的形态。我们在实践中也探索性地提出了全新的体系生命力理论，赋予人造工程系统自感知、自恢复、自学习和自进化的能力，希望人造工程系统在从无机系统跨向有机系统的道路上走得更远。

1.6.2　人造工程体系的复杂性

人造工程体系作为人造工程系统发展的新趋势，越来越多的应用实践给了我们越来越多的再认识机会，而复杂性一直是我们认知的核心。我们从以下三个方面进一步理解体系的复杂性。

（1）体系中系统与系统之间的连接绝不是简单的线性叠加关系，体系的复杂性度量值应是各个系统的复杂性度量值之间的幂律，从而呈指数性增长。

（2）二是体系的成员系统之间通过网络连接，形成了复杂的网络拓扑结构，我们用图论来描述和研究复杂网络问题。

（3）体系没有明确的需求边界，这更增加了体系的复杂性与不确定性。

上述这些因素造成（相较于系统来说）体系具有系统之间的松散耦合性、行为的涌现性和状态的动态演化性。人造工程系统/体系的复杂性不仅如此，其中的无机物理材料的自组织性规律是自然之道，无法避免；软件功能设计代码逻辑无法穷举，故障也难以杜绝；人的操作选择的正确性与人的技能水平和综合素质相关，同时还受到当时操作者的生理与心理状态的影响，同样无法做到万无一失。那么，对于系统组成体系带来的行为涌现性与不确定性，我们应该如何应对呢?

地球是目前我们认知到宇宙中唯一存在生命体的星球。地球上大大小小的生命体每天都面对着复杂的自然生态、人文生态、城市生态、社会生态等所展现出来的强大适应性和顽强生命力，这其中也许存在着无（弱）中心的工程体系的秩序怎么制定和维护及如何演进的答案。

为此，我们尝试用生态去诠释工程体系，借鉴大自然法则的力量，探索生态适应性的本质，并试图从中找到一种构建可演进工程体系的路径。

第2章

工程体系：用生态诠释的新定义

人造体系的最本质特点就是主体之间的协同交互，而主体之间的协同意愿和目的是被设计进去的，但是主体之间的交互结果却不都是可以预测和设计的，这些超设计的交互会涌现出很多始料未及的结果。

在印度孟买达巴瓦拉（送饭盒的人）的奇迹是一种“受控的混乱”，在没有计算机和互联网，也没有指挥中枢的情况下，5000 多名达巴瓦拉，为 20 多万个客户送餐，准确性达到 99.999999%的六西格玛水平，靠的是一套简单的规则和达巴瓦拉相互之间的密切合作。这是有机开放体系的典型案例，反映了鲜明的去中心化的有序性。这不是一个人为设计的系统，而是一个逐渐自主演化出来的体系。

自然界的蜂群和蚁群等多主体集群，其每个主体都按照极其简单的规则自主行动，但是却涌现出整个族群的非常复杂的行为结果，甚至可以接近理性行为。

这些社会和自然的现象，我们虽然早已熟知，但是由于技术的局限，我们的认知还不深入，更谈不上达到本质上的认知，但可以清晰地认识到集群智慧既不是某个个体的超凡脱俗，也不是个体的简单叠加。随着信息技术、智能技术的蓬勃发展，尤其是大量工程实践的迭代验证与推动，使我们进入了重新认知体系的新时代。

2.1 认识生态

2.1.1 生态系统的定义

在维基百科中可以看到，“生态系统”一词最早是由英国的植物学家 Arthur Roy Clapham 提出的，意指由物理因子与生物所构成的整个环境。1936 年，英国的“植物生态学之父”Arthur Tansley 提出，生态系统是指在一定的空间内生物成分和非生物成分通过物质循环和能量流动互相作用、互相依存构成的一个生态学功能单位。

2.1.2 生态系统的多样性

生态系统的多样性是指生物圈内生态环境、生物群落和生态过程的多样性。生态环境多样性主要指无机环境，如地形、地貌、气候、水文等的多样性；生态环境多样性是生物群落多样性的基础。生物群落多样性主要是群落的组成、结构和功能的多样性；生态过程多样性是指生态系统组成、结构和功能在时间、空间上的变化。

2.1.3 生态系统的边界

生态系统的范围没有固定的大小，如南海可能是一个生态系统，长白山也可能是一个生态系统，在西双版纳有时一棵大树可能就是一个生态系统，大部分动物终生不离开这棵树。系统的关键特征之一是有明确或相对明确的边界，即将系统与其所处环境分开的界面。生态系统也存在着边界，一般是由于环境突然发生很大变化造成的，如海洋边界、沙漠边界、秦岭-淮河分界线等，一般都是一个生态系统和另一个生态系统的交界。当然，生态系统的边界不是绝对的，有很多生物可以越过边界生存，比如候鸟的迁徙和外来物种的入侵，所以生态的边界是动态的。

2.1.4 生态系统的弹性

生态系统的弹性是指在维持系统结构、功能和反馈等不变的前提下，通过调整系统状态变量和驱动变量等参数，系统能吸收的扰动量。1973 年，Holling 发表了《生态系统的弹性和稳定性》这一开创性论文，为理解和分析生态系统的复杂性、动态性和可持续性提供了新的思路。该工作也为生态弹性以及各种其他形式弹性概念的研究提供了基础，目前“弹性”概念已经被引入多个领域，如工程弹性系统理论。

2.1.5　生态系统的平衡与稳定

生物圈是地球上最大的生态系统，热带雨林生态系统是最为复杂的生态系统，人类主要生活在以城市和农田为主的人工生态系统中。一个生态系统内，各种生物之间以及生物和环境之间存在一种平衡关系，任何外来的物种侵入这个生态系统，都会破坏这种平衡，平衡被破坏后，随着时间流逝，生态系统可能会逐渐达到另一种生态平衡。

在自然生态的演化中，个体的变化是剧烈的，每个个体都会经历从生到死的变化，这种变化从几秒到几分钟、几天、几月、几年、几十年甚至更长或更短，但是个体相互作用构建的宏观生态却是稳定的，演化也是缓慢的。

2.1.6　生态系统的“上帝法则”

自然法则是无所在无所不在，至小无内至大无外，统御宇宙一切。

万有的隐性秩序，其作用范围是竖穷三际、横遍十方、覆盖一切的时空界域，无终无始。

自然法则是宇宙的运行规律、宇宙的游戏规则，它界定了宇宙中万事万物的内在联系与互动关系。

自然法则有三大定律：吸引定律、创造定律、放任自流定律。自然法则是宇宙中一切存在和运动固有的、本质的基本法则，不以人的意志为转移，就像上帝制定的法则。

2.2　重新认识体系

2.2.1　从降维到升维

体系是动态的，不是静止的。传统认识体系的手段——基于还原论的降维解析过程有其致命的局限性。笛卡尔将还原论描述为：“将面临的所有问题尽可能地细分，细至能用最佳的方式将其解决为止。”还原论虽然在推动现代科学发展方面做出了至关重要的贡献，但是其存在着一个很大的弊端，那就是分解的过程必然会造成体系整体性与主体之间交互性的流失，即使在后期进行了集成，也不能保证流失的整体性和主体之间的交互性得到彻底还原。

这主要是因为还原论是静态分解，其过程影响了体系在时间上的动态演化特征。体系的整体性状态是一个在时间上连续变化的函数，由体系的各个主体之间通过交互共同决定的。但是，在体系分解以后，各个主体分别设计，主体之间的交互关系只有在集成后才能建立，因此在体系研制建设的很长一段时间内，体系在时间上的动态演化特征是缺失的，各主体的设计特性无法及时映射到体系的整体效能上。

在系统复杂度不高时，降维解析过程造成的交互性与整体性特征损失可以在系统集成验证过程中得到较好的修正，或者因为影响小而能够被忽略，从而不会对最终的结果造成太大的影响。但是如果系统足够复杂时，降维解析造成的交互性与整体性缺失只能通过原型系统不断迭代、逐渐逼近的方式来逐步弥补，且未必能弥补完整，而且如果实践不充分，也难以发现体系主体之间作用而产生的新的涌现，从而对体系的复杂性和不确定性难以有全面的识别和引导。归根到底，还原论是一种通过降维来规避体系复杂性的理论，现在看来是一种对体系复杂性的消极策略。

从印度孟买达巴瓦拉（送饭盒的人）的奇迹中我们发现，每个饭盒在不同的人的手中（做饭、送饭、吃饭等）传递，早 10 点前妻子把做好的饭装进饭盒，10 点饭盒被达巴瓦拉 A 分区域从各个妻子手中取走，10 点半饭盒被达巴瓦拉 B 分区域集中到最近的火车站，10 点 40 分饭盒被达巴瓦拉 C 带上火车，10 点 40 分至 11 点 30 分饭盒乘火车奔赴各地，11 点 30 分饭盒被达巴瓦拉 D 从达巴瓦拉 C 手中取走并再次分拣然后交给达巴瓦拉 E 的手中，达巴瓦拉 E 在中午准时把饭盒送到顾客手中；下午空的饭盒又按约定的时间反流程地最终回到各个妻子的手中（见图 2.1）。

这是典型的不同主体在时间中构成的一个状态流！

我们所处世界的任何系统都有立体的三维结构，代表了系统在物质与能量上的某一状态，而时间是第四维，在时间维度上，系统表现为状态的持续变化，形成一股连续的状态流。因此，任何系统都可看作系统的特性在时间维度上的状态流，把这里的“系统”扩展为体系的话，便是多主体的物质与能量在时间维度上的状态流，滚滚向前，不断演化。

图 2.1　印度孟买的达巴瓦拉（送饭盒的人）

体系在复杂性上的一个重要特征是组成系统的分系统之间的协同性与适应性。霍兰在《隐秩序》一书中提出了“适应性造就复杂性”这一著名论断，而体系的协同与适应是由体系内主体之间随时间变化的流程来表达的，是一种时间的升维，所以只有站在更高的维度上才能更全面地认知体系。

2.2.2　从隐性到显性

人们把所闻所见当作认知的全部是一种下意识行为，但是所有理性的人都知道这是不对的。例如，孙子的名言“形兵之极至于无形”、武林高手的无影脚、办公室的“潜规则”、人类的三观以及宗教信仰等，有时，看不到的可能才是更重要的。

如何把不可知不可见的变成可知可见的，不仅需要思想上的转变，更需要技术上的帮助。这些隐性的东西是需要学习和挖掘的，而且对隐性的认知也是有尺度的，不可能全部认识到。例如，对黑洞的认知，因为无法直接观测到，所以只能用间接的，如对红移现象的观察，让我们推断出那里有巨大的天体存在，这种存在只不过是不能直接观测到而已，但是不代表它不存在。

蚁群的活动，我们看到的是每只蚂蚁简单的行动引起群体涌现出非凡的复杂结果，但是，我们看不到的是它们行动的规则。只有通过大量的观察和挖掘，我们才能提炼、总结规律，从而认知蚁群是怎么协作的。

无论是黑洞的发现还是蚁群的规律，都是从隐性到显性的认知过程，也是认知群体乃至体系的一个新的深入。认知隐性的关键不仅是发现认知隐性的方法和手段，更重要的是隐性规律的提炼和应用。

2.2.3 从基于控制的中心化到基于规则的去（弱）中心化

简单的系统，如汽车有驾驶员、飞机有飞行员、公司有老板，一般都是有中心的管控系统。但是像北京这样的大都市，日新月异地发展着，快递小哥们穿梭在需求的两端，将各类物资源源不断地生产消耗着，没有一个整个城市行动控制的指挥中心，但城市体系却井然有序。一个城市的协调运作，似乎是物质和能量的永不间歇的流动，没有哪个主体可以主宰，但是城市本身却动态地演化发展起来了。城市的组成呈现类似生态的多样性，并在广泛的多样性主体之间相互作用下达成了高度的协调性，在没有单一的行动指挥中枢的复杂社会体系中，一个人只有依靠一系列包括道德规范、行为准则、交通法规、单位规章等在内的规则才能有序地开始每天的工作和生活，这就说明了简单系统基于控制实现有序，而复杂体系基于规则抑制熵增。

规则有显性的，也有隐性的，而且规则也是分层次的。

顶层规则一般负责宏观，主要确定什么不能干，类似自然法则、宪法，相对稳定，而且不能自主演化；中层规则一般负责分类，如刑法、民法、知识产权法等，相对中规中矩，人为修订和自主演化相结合；底层规则一般负责实施，类似规章制度，操作性、自主性较强，但是不能突破顶层和中层规则的约束，以自主演化为主。

规则的制定和修改的原则是：上层规则管大局，不宜多变，类似国家宪法百年不变；中层规则类似规划，根据技术和政策在中观调整，类似各部委、各行业的顶层要求；底层规则保落实，根据主体之间协作的效率自主优化，灵活性较强。

规则和秩序既有显性的，也有隐性的，社会的秩序就是由显性秩序和隐性秩序共同构成的。显性秩序是人类群体为了划出一个供大家友好相处、互通有无的舒适圈而制定和总结出的种种制度，而隐性秩序则是指那些随生命一同诞生的自然界的公理，与显性秩序不同，隐性秩序更依靠某个群体中的传承而非个体的学习来获得。我们根据社会治理的特点整理了显性秩序和隐性秩序，以及显性秩序的三层规则，如表 2.1 所示，希望读者能从中获得启发。

表 2.1 社会的显性秩序与隐性秩序以及三层规则

	主体	原则	特性				
显性秩序	顶层规则（宪法）	1.在内容制定上，上位规则优先于下位规则 2.在实践适用上，下位规则优先于上位规则	内容涉猎广泛	普遍适用	有中心，稳定	需要他主介入进行修正	强制性；由强制力保障实施，违反将导致毁灭性的结果
	中层规则（部门法）		多中心，对制定的内容进行基本的分类	在不同领域中起指导作用	多中心，兼具稳定性和灵活性	他主介入+自主修复	强制性和指导性兼备；其中有些规则不可违背，有些规则只起到指导作用
	底层规则（规章制度）		内容详细具体，在分类的基础上对各部分的内容进行详细的规范	对特定事件的专用性	无中心，灵活	依靠自主修复进行修正	指导性；违反规则并不直接导致否定的结果
隐性秩序	公理规则（自然法、道德）	普遍存在于人类这个群体中的普世价值观	内容涉及人类社会的方方面面	既具有普遍适用性，也能够很好地解决具体问题	无中心，恒定	凭借人力难以（无法）改变	仅具有指导性

这三层规则和隐性秩序既有相对的独立性，亦有有机的整体性；既体现引导与促进，也呈现涌现和发展。

2.2.4 从无机到有机

从无机到有机并没有一个严格的界限，但是变化的趋势却是显而易见的。从无机到有机的发展是一个从非生命到有生命的变化，是从低等智能到高级智能的演变过程。在自然界，有机物是生命产生的基础，也是生命具有智能的保障。

从大自然的生物个体角度来看，有机性表现为生物的智能水平，它是生物为达到某种目的而产生正确行为的一种生理机制，也可以说是一种适应性机制。自然界不同层次的有机性，形成不同层次的生物智能，人类是自然界最高智能水平的生物，人类不仅有很强的适应自然的能力，还有改造自然的能力。

在人类认识自然、改造自然的过程中，人造系统的终极目标基本都是对自然界的无限模仿。从简单的桌椅板凳，到可以通油通电的控制设备，再到预设程序的自主无人装备，人造系统的发展呈现出非常明显的从无机到有机的趋势。依据生物有机性的启示，人造系统的有机性可分为干预式有机、半自主有机和全自主有机三个层次、十个等级（见表 2.2）。干预式有机指人造系统需要有人操作，这是低级的有机性；半自主有机是有限人工干预，通过预设规则实现有机性；全自主有机不需要人工干预，完全依赖预设规则并自主演化优化规则，以实现高级别有机性。

表 2.2　人造系统有机性等级划分

层次	等级	定 义
干预式有机	OL-1	可控制或遥控
	OL-2	实时故障诊断
	OL-3	自主失效恢复和健康管理
	OL-4	结构、组成、功能和流程可重构
半自主有机	OL-5	根据任务和环境变化可自主协调各个主体
	OL-6	根据任务和环境变化可自主实施战术任务再调整
	OL-7	根据任务和环境变化可自主实施战术任务规划
全自主有机	OL-8	各主体可自主实现基于规则的控制
	OL-9	面向任务和环境可以进行战略和战术任务的再规划和调整
	OL-10	面向任务和环境可以实现全自主战略战术规划与实施

随着智能时代的来临和万物互联的实现，人造系统越来越复杂，呈现出类似自然界的有机性也越来越明显，人造系统正在有意无意间被显性秩序和隐性秩序联系得越来越紧密，由不同人造系统构建的不断涌现的体系已经呈现弱中心化的自主有序性和逆熵演化，一种类似自然界的人造有机生态就在眼前。

2.3　工程体系的生态定义

2.3.1　生态系统与工程体系

生态系统与工程体系具有很多相似的特征，如表 2.3 所示。

借用生态的语境，可以很好地描述体系的内涵，可以说，生态是一种定义工程体系的全新方式。在此，我们无意用工程体系理论来指导自然界生态系统，而是借鉴“自然界”这一概念，学习生态这一宇宙中生命体的最高智慧，试图发现一种指导人造工程体系的理论和工具，使人造体系的设计和运用更接近复杂系统演进的本质，从而探究一种具有生态活力的人造工程体系的路径。

表 2.3　生态系统与工程体系的对比

	生态系统	工程体系
范围	有弹性边界	有弹性边界
主体	多主体	多主体
运行模式	去（弱）中心化	去（弱）中心化
维系模式	开放循环	开放循环
演化模式	适者生存	适应性机制
系统目标	平衡	效能提升
系统特征	复杂、不确定	复杂、不确定

2.3.2　工程体系的生态定义

在对体系重新认识的过程中，我们走过了一条从降维到升维的路，体系的概念不再那么模糊虚无，开始逐渐清晰。体系不仅有组成体系的外在特征，更重要的是发掘内在的规律和秩序；体系是由若干有中心的系统或多中心的复杂系统组成的无中心的综合体；体系开始从静态走向动态，从冰冷的无机走向智能的有机，并涌现出自然界的生态性。体系的新内涵说明，体系的本质是一种生态，体系的范围是弹性的，体系的主体是多元的，体系的核心是无（弱）中心化的资源整合和配置，体系的发展是渐进式的规则引导下的自主演化。这些都让我们在认识体系、运用体系的实践中产生了革命性的思想飞跃。

我们尝试给人造工程体系一个全新的定义：工程体系不是系统，而是一种生态，是由复杂工程系统构建的有机综合体；是由多主体相互作用形成的有机关联，并依据一系列规则演化出的适应性机制；是从有中心的无机系统向无中心（或弱中心）的智能综合体的升维，是从管控向引导转变的自主演进。

2.4　工程体系的生态特征

在自然界中，存在于自然界一定范围或区域内并互相依存的一定种类的动物、植物、微生物组成生物群落。生物群落内不同生物种群的生存环境包括非生物环境和生物环境。非生物环境又称无机环境、物理环境，如各种化学物质、气候因素等，生物环境又称有机环境，如不同种群的生物。生物群落同其生存环境之间以及生物群落内不同种群生物之间不断进行着物质交换和能量流动，并处于互相作用和互相影响的动态平衡之中，这样构成的动态平衡系统就是生态系统。

以此类推到生态型工程体系，无机环境就是设备、系统、硬件、软件和处所等主体，有机环境就是人员、组织和机构等主体，无机环境的设备衰减、系统故障、软件缺陷难以避免，二者之间不断地处于互相作用和互相影响之中，如何保持动态平衡是工程体系在构建和演化过程中要重点解决的问题。在此基础之上，如何发掘动态演进的秩序和规则，找到演化不同阶段最佳的平衡点，并引入适当的资源构建适应性机制，促进生态的演化和体系效能的提升，正是我们所关心的问题。

2.4.1 生态型工程体系的目标

在人造体系里，“生态”概念被提及最多的就是互联网行业，上一代互联网巨头（BAT）都在提生态，互联网后起之秀（小米、字节跳动等）也不甘落后地“做生态”。那么，在互联网人士眼中，生态的目标是什么？

腾讯举办数字生态大会，被认为是把半条命交给合作伙伴；阿里巴巴强调生态是要打造一个生态系统而不是一个帝国，因为帝国迟早是要消亡的，只有生态会生生不息；小米手机成功后，小米投资几百家小米生态链企业，打造软件+硬件+互联网服务的生态系统。

从这些口号中，我们大体可以得出一些在生态的概念上几大巨头公认的事情，既不是追求利益的最大化，也不是快速变现，而是追求一种长期的、持续的、利他的、生生不息的商业模式，这与自然界生态系统中种群追求延续，生态追求平衡是非常相似的。因此我们可以认为，**人造生态工程体系的使命是保持体系的长期运转和演进，而实现的办法就是构建基于规则的适应性机制。**

2.4.2 生态型工程体系的特征

从生态的使命出发，我们可以得出人造工程体系的生态需要具备以下几个特征。

1．主体多样，主客一体

像缤纷灿烂的大自然一样，工程体系的组成不是一个紧密联系的系统，而是主体多样化的综合体。任何单个主体的持续生存都依赖其他主体提供的环境，当主体的生存发展产生了可以被其他主体利用的相互作用时，这个主体也就成为其他主体生存的客体了，主体的多样性也就发展了。

在自然界，没有所谓的主宰，也没有中心，而是一种分布式架构，人类也仅仅只是一个高级动物而已。像蜂群、蚁群等“集群智慧”的神奇在于，没有一个个体主宰集群，而是从大量简单个体中涌现出一只无形的“上帝之手”在控制整个群体。组成人造体系的主体之间以及与环境之间也是融为一体，并可相互转化的，没有绝对的中心，任何主体的持续生存都依赖其他主体提供的环境，同时自身的改变也会影响到相关联的其他主体。

2．吸引聚集，内生秩序

生物学上有一种趋同现象，就是类似生态位主体的相似性互相吸引聚集。人造体系无论在设计、生产还是使用上也都呈现类似主体的趋同和聚集特征。而且，就像蚁群一样，简单主体的聚集相互作用，可以涌现出复杂的大尺度行为。

自然界生物的预感是基于极为复杂的内生秩序实现的，这既有遗传，也有基于经验的转化。自然界的生态是在自然法则的秩序下演化的，这种内生秩序就如霍兰描述的“隐秩序”，是需要认知和挖掘的，而且这种内生秩序在主体的相互作用中不断创造出新的秩序，以支持体系的更新和演进。人造工程体系随着主体相互作用和学习，涌现出来的显性规则和隐性秩序，担负着预知和引导体系演化的使命，并由此增强了体系生存的机会和能力。

3．生命负熵，开放包容

热力学第二定律定义封闭的系统如果不加入外界干预，都会按照熵增发展，并最终走向无序乃至死寂。但是生命有机的出现，使自然界得以生生不息和演化发展，所以薛定谔说：“生命即负熵！”通过组织各个无生命的部分所涌现出的特性即生命，但是这个特性却不能再还原为各个组成部分。这个把无机生命涌现出有机生命的核心就是开放包容的特性。

人造体系一经建立，基本也无法推倒重来，只能随着时间或快或慢地演化。随着时间的流逝和经验的积累，要抑制熵增的趋势就是要学习生命有机的特性，使人造体系开放包容，从而具备生命负熵的特性，并学习自然法则的规律促进体系进化发展。既然我们还未完全了解自然法则，所以我们只能借鉴生物界的开放特性和生态秩序，这目前既是哲学家的共识，也是科学研究的基础。秩序是人类社会治理中的最高理想，也是人造工程体系当前可实现的最高水准，开放才能使秩序得到稳固和发展，生命才能逆熵增为有序。发现秩序，解释秩序；识别开放，实现开放。只有这样，才能使人造体系的负熵落到实处。

4. 适者生存，优胜劣汰

适者生存，这是大自然的法则。适应能力越强，生态也就越复杂。所谓生态，一定是自进化的，不断地出现新物种，产生新能量。自然生态适应性是生物随着环境生态因子变化而改变自身形态、结构和生理生化特性，以便与环境相适应的过程。趋异适应，则是指同种生物的不同个体群，由于分布地区的差异，长期接受不同环境条件的综合影响，不同个体群之间同在形态、生理等方面产生相应的生态变异。人造工程体系的复杂度越高，则要求适应能力越强。每一次主体之间的相互适应，都为下一步的相互协同和新的生态位置创造了可能性。构建适应性机制就是运用规则、创造规则、演化规则的能力，是人造工程体系的核心。

在工程体系中，从机械化产品到电子化产品，再到智能化产品的进化中，推陈出新、优胜劣汰的例子不胜枚举。每一个新产品的出现、新模式的诞生都在宣告某个旧产品、旧模式被替代，适应并满足人们使用的需要是永恒的追求，也就是在这样适者生存和优胜劣汰的过程中，技术得到进步、产品实现更新、体系维系演进。

5. 个体扰动，整体稳定

自然界是建立在永续演化的基础之上的，个体的不稳定是自然界生物多样性的根源，也是生态圈整体稳定的保证。生态学家经过大量的实验和研究得出“均衡即死亡”的生态演化结论，也就是自然界整体的稳定和演化是依赖个体的扰动而变化的。没有了个体的不间断扰动，就没有足够多的稳定周期来实现彼此的适应，生态体系的进化也就无法实现。

生态往往就是在失稳—平衡、再失稳—再平衡中保持动态平衡的。竞争、促进（包括共生）、营养级之间的互作等一系列生物互作可直接或间接驱动或改变生态系统在不同时空尺度上变化的模式、方向及速率。在生态系统管理实践中，应用生物互作的相关理论有望大幅提升生态系统保护和修复的成效。人造工程体系，类似阿里巴巴的淘宝，不管企业生死进出，不管具体买家是谁、不管具体什么时间交易，只管交易的规则和体系的稳定，这就是体系的个体扰动和整体稳定的生态稳定。

6. 边界弹性，涌现不息

自然界的演化说明，不要试图设计出一个复杂的生物，而是给简单的生物一个易于演化的环境，这种环境是包容的架构。自然界的生物圈没有严格的界限，无论是体系内各主体的边界（内边界），还是整个体系的边界（外边界），更多的是可变的相容的关系。个体的方生方死、方死方生，构成整体的开放循环、涌现演进和生生不息。

人造工程体系的主体虽然是有限的，但是构建起来的种类和体系边界必须像自然界生态一样，具有多样性和弹性，这样体系的运用才是无限的，才能实现基于规则的主体之间天下无穷局的关联作用。因此，生态体系不会轻易死亡，而是在有机生命与复杂体系的交织融合中涌现演进。也就是说，部件会死，但整体永存！

从以上这些生态特征可以看到，主体和环境决定了体系的聚集和内在联系，聚集和内在联系涌现出生态的规则和秩序，规则和秩序构建了生态适者生存的适应性机制，开放包容生成了宇宙中唯一的负熵特例生命体，适应性的机制决定了有机生态演化的弹性边界，生态的主体和边界决定了短时间尺度下的资源是有限的，因此产生竞争和涌现，而竞争又催生了新的主体或原有主体的进化、新旧主体之间的相互适应，从而达到一个新的秩序和宏观的稳定。这种秩序和稳定创造并选择着可以满足适应性机制的规则，直到下一次某个生态的主体、边界等再发生变化，催生新的一轮"竞争—适应—平衡"的演进过程，循环往复，永不懈怠。

2.5　工程体系实现生态的主要内容

从工程体系的六个生态特性分析出发，我们知道人造体系要实现逆熵，核心就是把这六个生态特性赋能到工程体系上，从而使工程体系具备生命有机性。生态体系之所以构成一个生态，实质是生态体系内主体的相互作用形成的关系，这些关系形成相生相克的秩序和规则，有显性的，也有隐性的，显性秩序易于体系的构建，隐性秩序才更易于体系的演化，而发掘隐秩序是关键，只有这样才能更好地识别生态体系的六个特性，才能制定生态体系自主演进的显规则，才能形成人造工程体系的适应性机制，从而引导体系向我们期待的方向演化。

因此，人造工程体系的自主演进的主要内容，第一必须追求的是一种开放的体系；第二为了实现体系的稳定和平衡，需要构建体系的适应性机制，也就是按照霍兰的 CAS 理论把体系按照复杂适应系统的方法进行构建，这就需要发掘体系的隐秩序，因为复杂适应系统就是由一系列规则和秩序描述的主体之间的相互作用关系；第三为了抵消熵增的趋势，需要构建一个抑制熵增的基于规则的逆熵体，从而才能更好地挖掘隐秩序，赋能有机生命。因此，赋能体系以生命力就要重点研究以下三个方面：开放性、适应性和逆熵体（智能体）。

2.5.1 开放性

自然界是一个开放的生态，主体和环境是融为一体的，不间断地进行着能量和信息的交换，这才抑制着熵增的发展并维持着大自然的有序和演化。在漫长的演化中，无数个体的诞生、湮灭既是能量的攫取者，也是能量的供给者。这种至大无外、至小无内的生态开放性和吸引、创造、放任三大自然法则的秩序性，统御着万事万物的内在关系并维持着自然演化的稳定和有序。

人造工程体系的最高目标是学习自然生态，体系的开放性是由环境决定的，体系的涌现促成体系的演化，而涌现的功能也是由环境决定的。环境不是绝对的，是相对的而且是可以转化的，A 是 B 的环境，B 也是 A 的环境，区别只在于以谁为研究对象而已。因此，抑制体系的熵增，就要构建体系的开放环境。

除了开放的环境，更要构建开放的演化规则，即吸引、创造和放任的自然法则。世界本身就是由规则决定和支配的。

（1）物以类聚的吸引聚集产生类模式，类模式之间的相互作用涌现出新的功能和秩序，每一个新的尝试都服从于一组规则定义的下级系统。

（2）创造性是由涌现决定的，涌现就是选择积木、组合积木的选择性探索，训练可以加强灵活运用和选择积木的概率。

（3）放任是体系无中心化的本质特征，是体系宏观的稳定与组成的不断变化的结果。

开放就要主动吸收能量和信息，只有生命体才能做到，因为生命以负熵为生，所以人造体系要做到开放就要有主动获取能量和信息的能力，也就是去中心化的体系涌现和边界弹性的主体动态聚集和重组。

2.5.2　适应性

人造工程体系的适应性机制就是要把复杂工程系统设计建造成霍兰定义的复杂适应系统（CAS）！而复杂适应系统就是由一系列规则描述的、相互作用的多主体系统的组成。这些主体随着时间和经验的积累，创造、发现并选择相互作用的隐秩序，并慢慢形成显规则。适应性机制的构建就是通过发掘隐秩序，制定显规则，并构建一个基于规则的有机适应综合体，使人造工程体系的不确定性得到控制管理，涌现性得到有益的引导，从而实现体系的动态稳定和生态演化。而这种发现隐秩序、形成显规则的迭代过程在生态体系的演化中从不间断，这也才促使生态演进发展。一旦这种迭代停止了，生态体系也就开始衰败了。

保证体系有效运行，就是要为其构建适应性机制，而这个机制是由一系列规则描述的，所以核心是规则之间的适应和如何让规则驱动体系运行。我们重点在以下几个方面研究体系的适应性。

（1）主体适应性：定义主体和主体之间的关系，构建组成整体的聚集原则和分工，以及主体退出和进入的规则。

（2）规则适应性：规范最小能力包的组成和任务以及基于能力包的组合原则；规定减少或消除冲突的规则，以及规则调整的原则；维持系统稳定有序。

（3）环境适应性：定义环境约束条件和改变引起冲突的可接受条件，保持系统的动态稳定和生态演化。

（4）边界适应性：定义主体之间边界和边界调整范围，协同涌现。

（5）流程适应性：定义完成任务的流程，优化面向效能的流程，用流程构建整体。

（6）虚实适应性：通过实体与虚体的映射，实现隐秩序与显规则的转换，从而促进虚界与实界的适应和融合。

（7）秩序适应性：规则的变化调整使复杂工程系统产生稳定性变化，变化的趋势应该具备无序向有序的适应能力。

由此可知，如何把上述的适应性用模型进行表达，同时用什么引擎驱动它们成为我们研究的重点。

2.5.3 逆熵体

我们已经知道，人造工程体系的核心就是构建适应性机制，而有机适应性机制就是赋能人造体系以生命智能。生命体可以认知和学习，可以建立群体和规则，可以演化和发展。人造体系用什么手段认知，按照什么秩序和规则运行，如何学习和演化，都是我们需要研究和解决的问题。

人造工程体系的过去不能回到现在，更不可能去到未来；你在人造体系实体中不可能同时既在A点又在B点。但是，CPS技术的出现可以实现虚实映射，可以让过去和未来见面，可以看到你实体中不可知不可见的；数字孪生的使用可以让虚界和实界握手，可以赋能体系以生命智能，可以发现实体空间不易发掘的隐秩序，并使之转化为改造实体体系的显规则，并在显规则的作用下再去构建和发现新的隐秩序，循环往复，迭代演进。

我们所处的时代有了能做到虚实映射的CPS，也有了构建逆熵体的数字孪生，还有大量的工程实践，我们还在等什么，让我们出发吧！

第3章

CPS：发现隐秩序的最佳工具

人造工程体系的组成主体是多样的、多层的，主体之间的相互关系更是复杂多变的。我们在体系设计之初，不可能把复杂体系的各种模式和作用关系认识全面，虽然在体系实体运行中，我们可以对当初未认识的主体之间作用关系进行重新认知，但是这样带来的周期和代价太大了，而且认知的程度也非常有限，因为生态体系是不断涌现演化的。那么，如何快速、节俭并高效地对时变的生态体系进行认知就成为能否引导其演化的关键。CPS 作为一种新兴的技术体系，提供了认知复杂性和不确定性的重要方法和手段，为发现并表达复杂体的隐秩序提供了工具，为生态工程体系的逆熵演进提供了可能。

3.1　生态体系和隐秩序

霍兰将隐秩序作为可进化的、适应性的、柔性的复杂适应系统（Complex Adaptive Systems，CAS）的内在决定因素[1]。霍兰认为，CAS 由大量的主动元素（Active Element）组成，这些元素具有适应性，并把系统中的成员称为具有适应性的主体（Adaptive Agent），简称为主体。这些主体能够与环境以及其他主体进行交互作用，并在此过程中不断地学习或积累经验，进而根据学到的经验改变自身的结构和行为方式，这样整个宏观系统的演变或进化，包括新层次的产生、分化和多样性的出现，以及新的、聚合而成的、更大的主体的出现等，就都可以在这个基础上逐步派生出来了。在霍兰的理论中，复杂适应系统被看作由用规则描述的、相互作用的适应性主体组成，这些主体不断地学习或积累经验,并根据学到的经验不断变换其规则、改变自身的结构和行为方式，从而实现了主体之间不断相互适应及适应环境变化的能力。在这个过程中，主体学习的就是 CAS 系统中的内在隐藏关系，也就是隐秩序。

事实上，霍兰的理论借鉴了自然界生态系统中“生物适应性”的概念。因此，人造生态工程体系如果要具有生态适应性，关键还需要发现体系的隐秩序，定义应用的显规则。

我们再来看一个通过抓住隐秩序成功构建商业生态的案例。位于美国芝加哥的团购平台 Groupon，于 2008 年 11 月上线，在成立的第一年便实现盈利，收入为 5000 万美元，仅一年半的时间，估值就突破了 10 亿美元。奇迹般的现象引发了大量商业报道和分析，国内外有数千家企业跟风进入团购领域。然而，无论是模仿者还是竞争者，均无法与 Groupon 的惊人表现相媲美。在此，我们从隐秩序和生态构建的角度，去分析 Groupon 商业生态的独到之处[4]。

Groupon 只在各地区网站的首页上打出每日仅“一件”主要的折扣商品，就成功达到了有效聚焦大众目光的目的，若点击购买 Groupon 当日商品的用户数量突破已设定好的最低门槛，该交易便成立，买卖双方皆大欢喜，反之，交易则不成立，这对商家而言可谓零损失。值得注意的是，Groupon 通常给出不成比例的优惠后，有时甚至还会出现一折的情况。这种情况在其他互联网企业烧钱补贴的时候也曾出现过，但是正如前文所述，这种以某个企业为中心的补贴打法，如果不能构建可持续的生态，必然无法持久。可是 Groupon 不但坚持下来，还在短期内就实现了高度赢利。笔者认为，其秘诀就在于找到了团购市场的隐秩序。

大多模仿者都认为团购网站的核心服务对象是消费者，Groupon 通过建立最低参与人数的规则机制，推动商家提供诱人的折扣，表面上似乎完全是为消费者谋福利，然而事实却并非如此。Groupon 真正的核心服务对象是商家，为商家提供“精准定位的营销方案”才是 Groupon 的价值所在，它拥有一支强大的线下团队，对每个城市、每个地区的消费者习性进行信息搜集，连续几个月加以追踪，并持续分析消费者的行为与爱好演变。此外，Groupon 还培养了一支由专业创意工作室和新闻工作者组成的“创意团队”，专门为商家撰写营销文案。也就是说，商家会将 Groupon 视为一个精准的营销媒体，能提供专业的影响文案、精准推广和保底转化率。

隐秩序带来了商业地位和思维模式的转变，商家把团购平台当成产品的分销渠道时会顾及成本，拒绝亏损，但如果把 Groupon 视为发布精准广告的途径，那么商家考虑的是“广告预算”，能够接受的让利空间瞬间增大，毕竟以广告费来计算的话，团购那些折扣就显得很实惠了。这也是为什么当所有竞争者的平台都在为价格交涉头痛不已时，Groupon 能够为消费者争取到大幅度的折扣，同时还能将高比例的成交佣金纳入平台的收益当中。

在这个案例中，大多数企业看到的是团购生态的表象，即：折扣——吸引消费者——用聚集效应去吸引商家让利，显性价值会为你带来用户流量，但是并不能持续，因为无论是烧钱的互联网企业也好，还是让利的商家也好，最终都需要盈利。而 Groupon 发现了团购生态的让利和广告费用之间的隐性秩序，并形成了自己的商业布局和显性规则，从而构建了可持续的多赢生态，创造了商业奇迹。

无论是自然生态体系还是社会生态体系，能直观看到的只是现象，而只有把看到的实体与看不到的虚体有机地整合在一起才能达到目的。就像只有把能看到的五脏六腑和看不到的气息和脉络整合在一起，人才是有机的活体，才是完整的人。那么问题是如何看到我们以前看不到的呢？让我们详细了解一下 CPS！

3.2　CPS 的定义和内涵

从美国国家航空航天局（NASA）1992 年正式提出 CPS 这一术语开始，CPS 的概念就一直在国际学术界与工业界被广泛讨论，但至今仍没有一个统一的概念定义，甚至没有一个统一的译名。CPS 的全称为 Cyber-Physical Systems，大部分文献将其翻译为“信息物理系统”，也有“赛博物理系统”“网络实体系统”“赛博实体融合系统”“赛博-实体系统”等。通过对于 CPS 的词源描述，或许“赛博-实体系统”更为合适，为了清晰表述，本书统一描述为“CPS”。

自 2006 年起，包括美国国家科学基金会（NSF）、美国国家标准与技术研究院、德国国家科学与工程院、中国工程院、中国科学院、中国工业和信息化部、高校与科研院所等各国机构中的专家学者，在公开发表的白皮书、论文、专著等文献资料中，均对 CPS 做过定义或内涵描述，对 CPS 的理解侧重点也各不相同[5]，如表 3.1 所示。

表 3.1　各国机构及专家学者对 CPS 做的定义

机构及专家学者	定　义
美国国家科学基金会（NSF）	CPS 是通过计算核心（嵌入式系统）实现感知、控制、集成的物理、生物和工程系统。在系统中，计算被“深深嵌入”每一个相互连通的物理组件中，甚至可能嵌入物料中。CPS 的功能由计算和物理过程交互实现
美国国家标准与技术研究院 CPS 公共工作组（NIST CPS PWG）	CPS 将计算、通信、感知和驱动与物理系统结合，并通过与环境（含人）进行不同程度的交互，以实现有时间要求的功能
德国国家科学与工程院（Acatech）	CPS 是指使用传感器直接获取物理数据和执行器作用物理过程的嵌入式系统、物流、协调与管理过程及在线服务。它们通过数字网络连接，使用来自世界各地的数据和服务，并配备了多模态人机界面。CPS 开放的社会技术系统，使整个主机的新功能远远超出了当前嵌入式系统所具有控制行为的能力
Smart America	CPS 是物联网与系统控制相结合的名称。因此，CPS 不仅能够感知某物在哪里，还具有控制某物并与其周围物理世界互动的能力
欧盟第七框架计划	CPS 包含计算、通信和控制，它们紧密地与不同物理过程，如机械、电子和化学，融合在一起
美国辛辛那提大学的 Jay Lee 教授	CPS 以多源数据的建模为基础，以智能连接（Connection）、智能分析（Conversion）、智能网络（Cyber）、智能认知（Cognition）和智能配置与执行（Configuration）的 5C 体系为构架，建立虚拟与实体系统关系性、因果性和风险性的对称管理，持续优化决策系统的可追踪性、预测性、准确性和强韧性（Resilience），实现对实体系统活动的全局协同优化
加利福尼亚大学伯克利分校的 Edward A.Lee	CPS 是计算过程和物理过程的集成系统，利用嵌入式计算机和网络对物理过程进行监测和控制，并通过反馈环实现计算和物理过程的相互影响
中国科学院的何积丰院士	CPS，从广义上理解，就是一个在环境感知的基础上，深度融合了计算、通信和控制能力的可控、可信、可扩展的网络化物理设备系统。它通过计算进程和物理进程相互影响的反馈循环实现深度融合和实时交互来增加或扩展新的功能，以安全、可靠、高效和实时的方式监测或者控制一个物理实体
中国工程院的周济院士	CPS 在工程上的应用是实现信息系统和物理系统的完美映射和深度融合。新一代“人-信息-物理”系统揭示了新一代智能制造的技术机理，能够有效指导新一代智能制造的理论研究和工程实践
中国工业和信息化部	CPS 通过集成先进的感知、计算、通信、控制等信息技术和自动控制技术，构建了物理空间与信息空间中人、机、物、环境、信息等要素相互映射、适时交互、高效协同的复杂系统，实现系统内资源配置和运行的按需响应、快速迭代、动态优化

从各国目前的转型战略来看，均将 CPS 作为构建工业智能体系的核心要素，足见各国对 CPS 的重视程度。美国、德国、中国的 CPS 战略比较如图 3.1 所示。

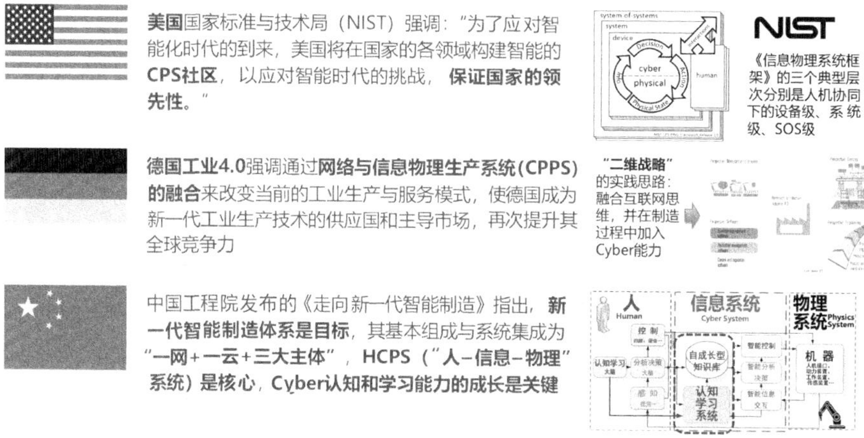

图 3.1　美国、德国、中国的 CPS 战略比较

本书主要引用《信息物理白皮书（2017）》中对 CPS 的定义，同时，笔者在《CPS：新一代工业智能》一书中也明确过 CPS 的内涵，即 CPS 是赛博（Cyber）空间与实体（Physical）空间融合、"虚实结合"的产物，从构型上描述，CPS 的空间实现在于：从实体空间对象、环境、活动大数据的采集、存储、建模、分析、挖掘、评估、预测、优化、协同，并与对象的设计、测试和运行性能表征相结合，产生与实体空间深度融合、实时交互、互相耦合、互相更新的赛博空间（包括个体空间、环境空间、群体空间、活动空间与推演空间等的结合）；通过赛博空间知识的综合利用指导实体空间的具体活动，实现知识的积累、组织、成长与应用；进而通过自感知、自记忆、自认知、自决策、自重构和智能支持等能力促进资产全面智能化。

之所以我们在本书中利用 CPS 作为发掘隐秩序的工具，在于 CPS 是多领域、跨学科不同技术融合发展的结果，其虚实融合的核心思路，提供了一种新兴的体系框架表达，可微观、可宏观，既可偏理论，即研究网络环境（Cyber Space）中的通信（Communication）、计算（Computation）和控制（Control）与实体系统在所有尺度内的深度融合，又可偏应用，即作为行业生态落地的技术体系；由此，更广义的 CPS 定义，可以说是通过赛博空间的构建，对实体系统内变化性、相关性和参考性规律的建模、预测、优化和管理。

3.3 CPS 的应用维度

以往对于 CPS 的研究，通常作为一种技术体系，希望从技术维度来解释什么是 CPS。实际上，CPS 的应用维度应该包括价值维、技术维、组织维这三个维度，即 CPS 用来实现什么价值、如何做技术描述以及有怎样的应用层级。

3.3.1 CPS 的价值维

CPS 的价值维是场景驱动的，即我们需要 CPS 来干什么，因此 CPS 通过虚实融合的概念提供了灵活的体系框架表达，使 CPS 能够适应于或宏观或微观的价值应用，为了便于应用理解，我们以工业转型的场景为例来描述 CPS 的价值需求，即如何释放决策自主化的价值空间。

实际上，自从有了信息技术，实体空间与赛博（Cyber）空间两大能力就在不断融合，并一直在深刻影响我们的生活。当赛博空间释放了控制自动化能力，与实体空间融合，就诞生了自动控制，创造了巨大的价值空间和能力；几十年后，赛博空间的信息传递自动化能力又被挖掘和释放，与实体空间的融合，就诞生了信息化和互联网，创造出更为巨大的价值空间和能力。可以说，自信息技术出现以来，物理（P）、赛博（C）、人体（P）的三体融合一直在发生。而目前 CPS 的发展，在我们看来，正处于“控制自动化—信息传递自动化—决策自动化（智能化）”的第三个阶段。CPS 技术的发展阶段如图 3.2 所示。

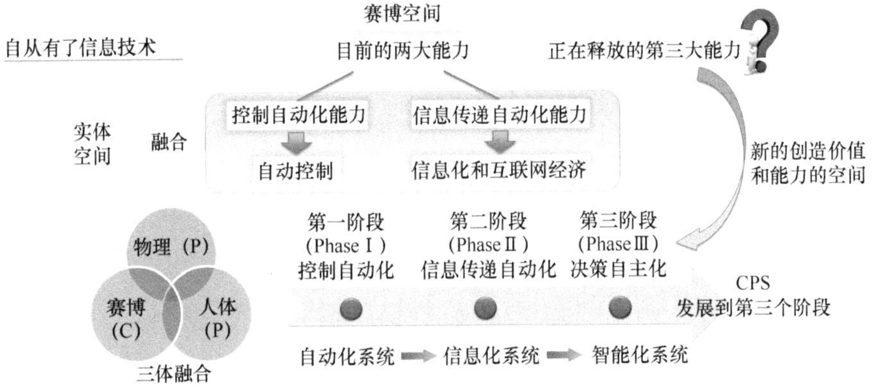

图 3.2　CPS 技术的发展阶段

因此，在这个场景下，工业转型的价值需求决定了 CPS 新的要求，而现有的技术又恰好发展到可以逐渐满足 CPS 应用。当赛博空间这两种能力（控制自动化与信息传递自动化）被最大限度地释放，以及这两种能力与实体空间融合价值被充分利用时，我们希望释放赛博空间的新的能力，并与实体空间如何融合，进而形成更大的创值，这是 CPS 中的价值应用重点。

在这种价值需求下，可以推导出 CPS 的新组成与目标，即：希望在赛博空间控制精准与信息流动高效这两大能力的基础上，进一步释放其分析、评估、优化和决策的能力（决策自动化），形成以知识为核心的信息闭环，与前两种能力一起，与实体空间相融合，实现物、赛博和人为一体的“三体智能”，通过以决策自动化的逐步形成，并与自动化、信息化相集成所构建的 PCP（物、赛博、人）新形态，形成 CPS 的新价值空间（见图 3.3）。

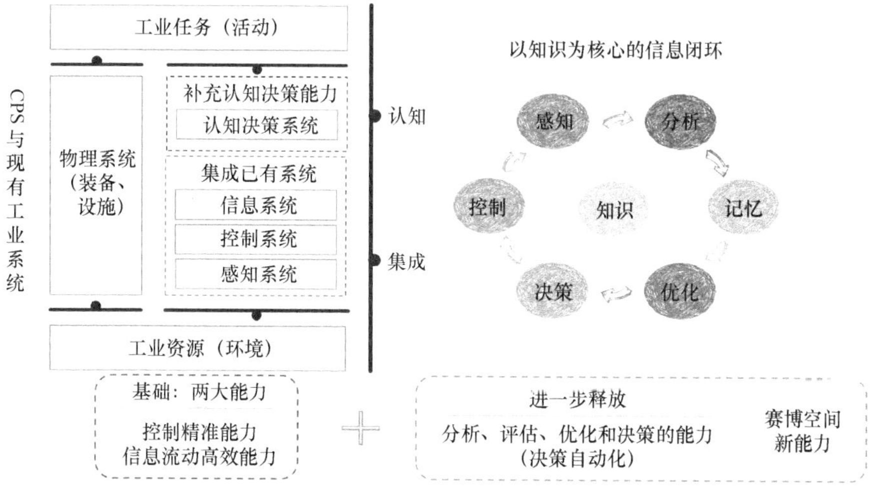

图 3.3　CPS 的新价值空间

类推到生态工程体系的构建场景中，CPS 的价值需求则是为了能够发现并表达隐秩序、构建生命智能体，助力体系生态逆熵，形成不断迭代更新的生态价值空间。

3.3.2　CPS 的技术维

构建人造生态体系的核心是如何以物代替人的能力，模仿生命体的生态系统，而 CPS 从技术维上，提供了很好的以“物的智慧”为目标的技术体系描述，这对于构建生态型工程体系中的智能体非常必要。

在 CPS 技术体系中，以“自感知”到“自重构”的核心能力去实现智能体的构建，其本质目的正是通过“自感知—自记忆—自认知—自决策—自重构”的核心能力，达成“物的网络—实体空间融合”的生命体智慧能力，从而实现人造生态工程体系中有机主体和无机主体相互作用和进化。其特征主要体现在以下几个方面：

（1）自感知层从信息来源和采集方式上保证了数据的质量。

（2）自记忆层可以对数据进行特征提取、筛选、分类和优先级排列，保证了数据的可解读性。

（3）自认知层将机理模型和数据驱动模型相结合，保证数据的解读符合客观的物理规律，并从机理上反映对象的状态变化。

（4）自决策层针对环境中个体之间的关系进行建模，并根据活动目标进行优化。

（5）自重构层通过执行优化后的决策实现价值的应用。

3.3.3 CPS 的组织维

在 CPS 的技术维中，体系设计的一个重要的特性是具有较为广泛的普适性和可扩展性。而在组织维中，CPS 构建生态的过程中，面向不同层级的对象必须符合相同的技术构架和使用流程。

对于生态体系而言，它包括个体的活动、有明确目的所集合在一起的群体的组织活动、在一定区域内的各个组织活动，彼此之间相互影响，相互作用。因此，要想实现整个体系的生态构建，必须在体系设计中考虑相互影响和相互作用。CPS 体系在各个层面是有其侧重点并相互关联的，组织维的层级包括单元个体级 CPS、单元系统级 CPS、群体系统级 CPS 以及社区生态级 CPS 等不同层次的应用。在不同的对象和层级的应用上，CPS 的工作流程、核心内涵、技术要求和实施逻辑都遵循相似的设计。

1. 单元个体级 CPS 体系

作为最小 CPS 单元，以个体装备资产为例，其核心是帮助用户合理地使用装备，即对控制的帮助，达到提高效率、降低故障的目的，实现装备的价值最大化，同时接受 CPS 体系的帮助和为体系提供元信息。

2. 单体系统级 CPS 体系

单体系统级 CPS 是 CPS 体系中关键的环节。在虚拟空间，为每一个实体个体系统构建了一个虚拟映射体。它不是实体的镜像反映，更不是传统的实体仿真，而是以特征为主要方式客观反映实体的内在意义，同时，通过实时或半实时更新变化，反映实体空间个体的状态。在此基础上，在远程客观显示实体的状态、变化及其活动、环境、目标的相互影响和发展趋势。与此同时，个体 CPS 亦用于支持实体中 CPS 的工作和群体 CPS 的工作。

3. 群体系统级 CPS 体系

在 CPS 体系组织维中，群体系统级的概念不是个体的简单集合，而是按照明确的共同目标由多个个体所构成的组织，所以其体系的建立目的是帮助改善组织的活动，实现个体之间面向共同活动目标的协同优化。因此，群体系统级 CPS 的主要工作是协调组织内各个部门工作的协同与优化，指挥并监控个体的活动达到组织目标。

4. 社区生态级 CPS 体系

社区生态的含义是在同一个环境空间内的不同群体和组织的集合，这些组织之间分享社区中的资源，遵守社区中的法规，但是具有不同的组织目标和活动方式。相同社区内的各个群体之间的目标会相互冲突，主要体现在有限资源的使用、规则的遵守、目标的优先级和信息分享等方面。因此，维护在特定空间和时间内多个群体所属的大量个体所构成的社区中彼此活动的有序进行，以及社区的和谐与稳定，是社区 CPS 存在的主要目的。

3.4 隐秩序的表达

前面我们讨论了 CPS 是如何从价值、技术和组织的维度应用于生态的，现在我们将讨论这三个维度之间是如何联系在一起的。前面的章节我们就已经讲过，构建一个成功的（至少是可持续的）生态体系，一定要找到在涌现和演化中发挥关键作用的隐秩序。这一过程是运用 CPS 技术体系在赛博空间中完成的。

3.4.1 赛博空间的构建

赛博空间最早来源于美国科幻小说家 William Gibson 在 1984 年出版的 *Neurolancer*，指的是计算机网络所支持的交流环境。自此开始，Cyber 这一前缀才统指与计算机、信息技术及后来互联网等相关的事物。为了发现隐秩序，我们需要基于 CPS 构建赛博空间（Cyberspace），对实体空间的装备、环境、活动所构成的大数据环境进行采集、存储、建模、分析、挖掘、评估、预测、优化、协同等处理以获得信息和知识，并与物理对象的设计、测试和运行性能表征相结合，产生与实体空间深度融合、实时交互、彼此耦合、互相更新的赛博空间，进而通过对赛博网络空间知识的综合利用发现隐秩序，并在此基础上指导实体空间的具体活动。

隐秩序涉及的相关方包括生态中的个体、群体、环境和活动，因此赛博空间的构建需要在对各个主体进行映射的基础上完成隐秩序的表达，并构建推演空间来完成隐秩序的发掘和演化。具体可以分为以下几个维度。

1. 赛博个体空间

在赛博个体空间中实现体系生态中智能主体的映射。按照“设备级—系统级—体系级”的层次结构，利用数据驱动分析手段和机理研究技术，构建随体系生态的无机环境变化和有机主体活动开展信息同步与计算的赛博个体空间，并通过数据分析与建模等手段发掘新数据、新信息和新知识，映射出实体空间对象的个性化特征。

2. 赛博群体空间

在赛博群体空间中解决系统级生态主体共性化特征相关知识的积累与成长。记录生态主体和生态主体之间、生态主体和环境之间的决策行为、相互作用和结果，形成群体拓扑关系，从而挖掘、提炼、抽象生态群体的共性化特征。

3. 赛博环境空间

在赛博环境空间映射生态系统中无机环境的演变与影响，形成多尺度的环境模型和数据样本。

4. 赛博活动空间

在赛博活动空间中针对生态主体在活动中的特征进行关联分析，如活动的组织关系、目标、约束以及决策的形成过程等信息，形成活动规则模型，进而为活动的协同提供依据。

5. 赛博推演空间

赛博空间的主要优势在于不但可以映射出实体空间不易测量的关键特

征，更重要的是能够对特征未来的发展趋势进行推断和预测，在个体空间和环境空间的基础上，针对生态中主体的活动状态，提取群体对象中的活动特征并进行关联分析，进而以推演、评估与预测为重点，挖掘多模型的隐秩序和推演规则，以多目标、多层次、多场景下的生态体系效能提升为目标，构建推演决策空间，进而实现对生态型工程体系中隐秩序的研究。

3.4.2 隐秩序的显性表达

完成了赛博空间的构建之后，我们具备了表达隐秩序的基础，在表达过程中还需要借助一些工具。随着数据技术和人工智能的飞速发展，相关工具层出不穷，在此我们从显性表达、量化表达和效能评估几个方面，提供一些建议。

对于隐秩序的显性表达，我们用到了知识图谱（Knowledge Graph），这在情报界称之为知识域可视化或知识领域映射地图，是显示知识发展进程与结构关系的一系列各种不同的图形，用可视化技术描述知识资源及其载体，挖掘、分析、构建、绘制和显示知识及它们之间的相互联系。知识图谱的主要技术包括知识获取、知识表示、知识存储、知识建模、知识融合、知识理解和知识运维七个方面，通过面向结构化、半结构化和非结构化数据构建知识图谱，为不同领域的应用提供支持。知识图谱中的知识来源于结构化、半结构化和非结构化的信息资源，通过知识抽取技术从这些不同结构和不同类型的数据中提取出计算机可理解和可计算的结构化数据，以供进一步的分析和利用。

3.4.3 隐秩序的量化表达

知识图谱可以将一部分隐秩序显性化地表达出来，但一般只是定性地表示主体之间、主体和环境之间的关系，在更全面的认知和应用隐秩序的过程中，还需要隐秩序的量化表达方式，这时就会用到数据驱动的方法，将业务数据化，实现隐性数据显性化。数据驱动在面对复杂系统时，通过感知、通信、认知和分析等技术，将蕴含在生态主体背后的隐性数据在赛博空间不断显性化和量化，使数据能够“可见”，进而“可知”，这是实现在赛博空间对生态体系效能优化的前提。

在工业生产中，各种数据普遍存在，其中大量的数据是隐性存在的，没有被充分地利用。CPS 通过构建“状态感知、实时分析、科学决策、精准执行”的数据自动流动的闭环赋能体系，能够将数据源源不断地从物理空间中的隐性形态转化为赛博空间的显性形态，并通过迭代优化形成知识库。在这一过程中，状态感知的结果是数据；实时分析的对象是数据；科学决策的基础是数据；精准执行的输出还是数据。数据在自动生成、自动传输、自动分析、自动执行以及迭代优化中持续累积，对隐秩序涌现的认知不断深入，从而实现对生态型工程体系的深度把控。

3.4.4 体系效能评估

除了隐秩序的表达，在运用隐秩序构建逆熵体，助力生态演进时，还需要运用对体系效能进行评估的方法，即生态在某一目标下的指标体系和评价方法。因为体系的复杂性和生态系统的动态有机性，生态体系的效能评估需要首先建立体系探索性分析框架和流程，其次对生态主体的贡献度进行研究，最后才能提出有意义的效能评估方法，通常会用到基于区间二型模糊集的体系贡献度评价方法或基于因果追溯的体系贡献度分析方法等。

关于效能评估的内容很多，在此处不过多展开，只是提醒读者注意其重要性，有兴趣的读者可以在本套丛书分册《武器装备体系原理与工程方法》第 8 章中找到更多体系效能评估和贡献率的详细内容。

3.5 CPS 自重构机制的构建

CPS 最吸引人的地方就在于它是一个可以自我成长的智能体系，其价值和能力会随着使用的不断积累而增强，而这正是生态适应性的内在驱动力。基于 CPS 构建的生态体系，可以通过自重构的机制，动态调整体系的资源和能量配置，从而产生适应性和有机性，进而才能构建体系的适应性机制。

CPS 自重构机制的搭建分为五个层次，其核心就是五个适应性。

3.5.1 自感知层——感知的适应性

自感知层的核心功能是，按照活动目标和信息分析的需求进行选择性的和有所侧重的数据采集。由于外部环境的多样性和复杂性，在感知过程中如果不加以侧重和筛选，屏蔽掉无用信息和噪声，同时强化关联数据的收集，则会严重影响分析的效率和准确性。

人的感知具有很强的选择性，主要体现在以下两个方面：①对与自身安全和活动目标相关的感知会被增强；②对同一环境中发生变化的事物的感知会被增强。由于人的经历、活动目标、记忆和对价值认识的不同，往往不同的人对同一个环境所获取和关注的信息也不相同，这说明人类的感知系统具有很强的目的性和适应性，其作用是帮助人类提高数据获取分析的效率，以便更快速地应对外部环境的变化。

与之相比，已有智能系统的感知其实并非是智能的，因为其并不具备以目标为导向的柔性数据采集的特征，而是一旦传感器布置以后就会不加选择地进行数据采集与传输。CPS 体系与传统的传感体系的本质区别是，在 CPS 体系中对于物的自我感知能够改变现有被动式传感与通信技术，从而实现智能化与自主化的按需进行数据的收集与传送，即在相同的传感与传输条件下针对日常监控、状态变化、决策需求变化以及相关活动目标和分析需求，自主调整数据采集与传输的数量、频次等属性，从而实现主动式、应激式传感与传输模式，提高数据感知的效率、质量和敏捷度，达成对于实体空间对象、环境、活动的全面智能感知，进而形成“自感知”能力，其核心是数据采集的自适应管理与控制。

3.5.2　自记忆层——记忆的适应性

人之所以有记忆，并非是单纯感知到实体世界的数据存储，或者是实体世界镜像的映射，而是通过筛选、存储、关联、融合、索引、调用等形式将数据变为对人有用的信息，这是人类思维与行为的基础。

人的记忆具有以下特性。

（1）选择性：只记忆与自身的活动和思维相关的信息，尤其对熟悉环境中变化的部分印象会更加深刻。

（2）抽象性：从数据中提取特征进行记忆，并与状态和语义相互对应（情节+语义式的记忆模式）。

（3）归纳性：记忆的聚类过程，并与特定活动相关联，是学习过程的基础。

（4）关联性：即形成 A→B 的映射关系，是信息到判断结论的映射过程。

（5）时序性：新的记忆更加鲜明，旧的记忆逐渐淡去，使记忆的调用更加高效。

然而传统的数据存储模式是不加筛选，按单一目的分类存储、调用和管理数据的，因此数据的存储并非是记忆的过程。在 CPS 体系中，与传统的数据层相比，对于物的自我记忆，CPS 能够改变传统的数据存储管理模式，按照信息分析的频度和重点重新进行自适应的、动态的“数据—信息”转换，并解决海量信息的持续存储、多层挖掘、层次化聚类调用，进而达成数据到信息的智能筛选、存储、融合、关联、调用，形成“自记忆”能力，其核心是数据的动态记忆。

3.5.3 自认知层——认知的适应性

如果说自记忆层解决了从数据到信息的抽象分析，那么自认知层就是对这些信息进行进一步的分析和挖掘，将其转变为能够支持和帮助决策的有效知识。

传统的数据分析手段往往采用单一要素处理单一问题的静态方式，比如当某一指标超过阈值后发出报警等。但是信息中包含了设备和活动的状态信息和关联关系，如果不考虑信息的相关性而仅对单一变量进行分析，所得到的分析结果也必然不够全面和准确。这也是目前的监控系统无法实现真正意义上的自动化和智能化的原因，因此自认知系统的信息分析方式需要改变传统的单一要素处理单一问题的静态认知过程，而实现模仿人的大脑活动，构建基于动态目标，在复杂环境与多维条件下，面向不同的评估需求，对多源数据进行多维度动态关联、评估和预测，进而达成物的认知，以及物、环境、活动三者之间的关联、影响分析与趋势判断，形成“自认知”能力，其核心是多源数据的动态关联。自认知层也是解决规模化和个性化之间的矛盾中重要的一个环节。

3.5.4 自决策层——决策的适应性

人的决策是根据状态、环境、目标和能力等多要素、多维度和多层次综合分析的结果。目前工业领域的智能化体系中还没有成型的自决策解决方案，对于决策的支持也仅仅停留在信息汇集和可视化上，决策的制定过程依然完全依靠人来完成。然而由于活动的复杂性、需要考虑的决策要素的多样性和信息的不对称性，在决策过程中往往很难考虑周全，更难做出最优的解决方案。这是由于人脑对语言、文字和图像等抽象信息的分析有较强的优势，但是对于数字化信息和多维信息处理的能力较差。然而计算机在处理优化问题时比人脑有更强的运算能力，能够更加快速和准确地找到多要素复杂环境中的最优方案。

与之相对应的是，在 CPS 体系中改变了传统单一部门、单一目标、单一行动的决策机制，即不考虑多环节与多部门决策活动、决策因素、决策目标的相互影响（通常一个部门的决策会受到其他部门的决策活动影响，同时也影响着其他部门的决策目标达成），而是在决策链体系中，充分考虑决策部门、决策活动、决策因素、决策目标、决策效果与决策关联的影响，通过运用决策链中多部门多环节活动的综合影响分析、多维与多尺度协同优化、分布式动态目标优化等手段，针对决策链活动目标的协同优化与决策支持，强化能够直接指导实体空间活动的自我决策能力，达成全局最优，形成“自决策”能力，其核心是多要素的寻优。

3.5.5　自重构层——体系的适应性

针对物的行为和语言，即在实体空间的决策执行，CPS 能够改变预先设计的、静态过程的、应激性的传统控制应用模式，而实现动态的、柔性的、目标活动与感知决策体系的一体化。通过面向各类决策价值的应用，在实体空间内形成执行应用的“自重构”能力，进而形成可自成长的生态环境体系，而这一层则是基于赛博空间指导下实体空间决策活动的执行，其产生的新的感知，传递回自感知的第一层，由此形成五层架构的循环与迭代成长。

自重构能力的核心在于，将决策信息转化成各个执行机构的控制逻辑，实现从决策到控制的无缝连接。如果说从数据到信息再到决策的过程是数据从发散到收敛的过程，那么自重构层就是将收敛后的结果再发散到每个机构的执行逻辑的传达过程。

3.6　从隐秩序到显规则

隐性秩序的特征是摸不着看不见的，是主体之间相互作用的内在关系，这些隐性的东西一般不能事先设计，而是在体系演化的过程中通过主体之间的相互作用，慢慢地建立起来，然后再被发现和利用的[7]。

显规则是已经被发现并群体共同认知的，或由代表统一制定，需要共同遵守的条例或章程。

从隐秩序到显规则，是从隐性到显性、从个体到群体、从局部到整体、从发现到利用的过程。在这个过程中我们可以完成两个工作，一个是找到隐秩序，一个是形成显规则，而利用 CPS 体系构建赛博空间并完成虚实映射的过程则完美地支撑了这两个工作。

3.6.1 在赛博空间中寻找隐秩序

赛博空间的构建为升维提供了可能。前面我们说过，降维的还原论方法是静态分解的方法，其过程影响了体系整体在时间上的动态演化特征。体系的整体性状态是一个在时间上连续变化的过程，由体系的各个主体之间通过“刺激-反馈”的相互作用共同决定的。但是，在体系分解以后，各个主体分别认识，主体之间的交互关系只有在集成后才能去认识和发现，因此体系在时间上的动态演化特征是缺失的，各主体的特性无法及时映射到体系的整体效能上。

人造的任何系统都是立体的三维结构，代表了系统在物质与能量上的某一状态，而在时间维度上，系统表现为一股连续的状态流，因此任何系统都可看作在三维基础上增加了时间第四维度上的状态流。CPS 构建的赛博空间，突破了三维空间的束缚，是多主体的物质与能量在从三维升维到四维后的认知，在映射三维主体的基础上，实现了状态流维度的描述。不仅如此，CPS 甚至可以进行主体空间之间的叠加，构建 N 维赛博空间，进而实现更高维度的动态认知，这样就会发现原来看不到的主体之间的关联以及演化的关系。如此，隐秩序就被发现了。

另外，在赛博空间中，数字孪生体（Digital Twin）非常重要，它原本是美国军方在航天系统的研究中提出来的，现在已经扩展到多个研发领域，数字孪生与隐秩序关系密切，在后面的章节我们还会反复提到它。

同时，我们也要清醒地认识到，对隐性的认知是有尺度的，不可能全部认识到，而且隐秩序的被认识程度也是随着生态体系的演进而变化的。

3.6.2 在虚实映射中形成显规则

CPS 构筑信息空间与物理空间数据交互的闭环通道，能够实现信息虚体与物理实体之间的交互联动。以物理实体建模产生的静态模型为基础，通过实时数据采集、数据集成和监控，动态跟踪物理实体的工作状态和工作进展（如采集测量结果、追溯信息等），将物理空间中的物理实体在赛博空间进行全要素重建，借助计算机对数据综合分析处理的能力，升维寻找隐秩序，形成主体之间的关系变化以及对外部复杂环境变化的有效决策，并通过以虚控实的方式传递到物理实体；物理实体接收到虚体的决策反馈后，作用到实体装置上，产生实际的实体运作，并被显性而且实时地记录下来。在实体与虚体不间断的虚实映射过程中，隐秩序不断被发现、认知，同时不断地转化成显规则以控制物理实体进行新的运行。实体的新的运行又会使主体之间以及与环境之间发生新的关联，于是新的隐秩序也会逐渐产生，如此往复，形成了隐秩序与显规则在虚实映射中不断转化和促进的机制。

著名科学家约翰·霍兰提出的复杂适应系统（CAS），用七个基本点，即四个特性、三个机制描述复杂适应系统，实际也是通过这七个基本点描述复杂性机制的内涵。四个特性分别是聚集、非线性、流和多样性，重点体现体系复杂性本质；三个机制分别是标识、内部模型和积木，重点表达体系的复杂性和隐秩序如何表达描述。

CPS 通过虚实映射，能够在赛博空间中将四个特性和三个机制所蕴含的隐秩序描述出来，通过学习和分析在实体中转化成显规则，并通过一系列控制反馈手段，在实体空间中发挥作用，最终实现显规则的有效表达。

3.7　从自然生命到人造有机

3.7.1　对自然生命的认识

诺贝尔说，生命是自然给人类去雕琢的宝石。这是在哲学的高度赋予生命的一种定义，是一种探索宇宙的过程，是诠释宇宙存在的存在。

薛定谔在《生命是什么》一书中说，生命的本质是通过热力学和量子力学理论来解释有机体物质结构（见图 3.4）。这是一种经典科学上的定义，是非周期性晶体、负熵、遗传密码、量子跃迁式突变等物理学、生物学概念的堆砌，概括起来就是薛定谔那句著名的话："生命以负熵为生"[9]。从热力学定律可知，事物走向无序状态是自然倾向，而生命物质却体现出一种高度的秩序和规律性。生命体是如何抵消热力学的无序倾向的，死亡就是走向无序，走向熵的最大化。薛定谔提出了一个重要的思想：食物里包含的就是至关重要的"负熵"，生命体正是依赖负熵而生的，从而抵消了其体内自然生成的熵。

中国古代著名医学家张景岳在 30 多年来对《黄帝内经》的研究实践中，根据个人体会对《素问》《灵枢》进行了整理，以类分门，撰成《类经》（见图 3.5）。他在《类经》中说："人禀天地阴阳之气以生，借血肉以成其形，一气周流于中，以成其神，形神俱备，乃为全体"[10]，这是典型的中国古人的“形神合一”或“天人合一”的生命观。从本原上说，神生于形，但从作用上说，神又主宰形，形与神的对立统一，便形成了人体生命这一有机统一的整体。《灵枢·天年》篇说：“血气已和，营卫已通，五脏已成，神气舍心，魂魄毕具，乃成为人”[11]。只有血气、五脏、精神、魂魄毕具，才会表现出生命力，才会是一个活体的人。

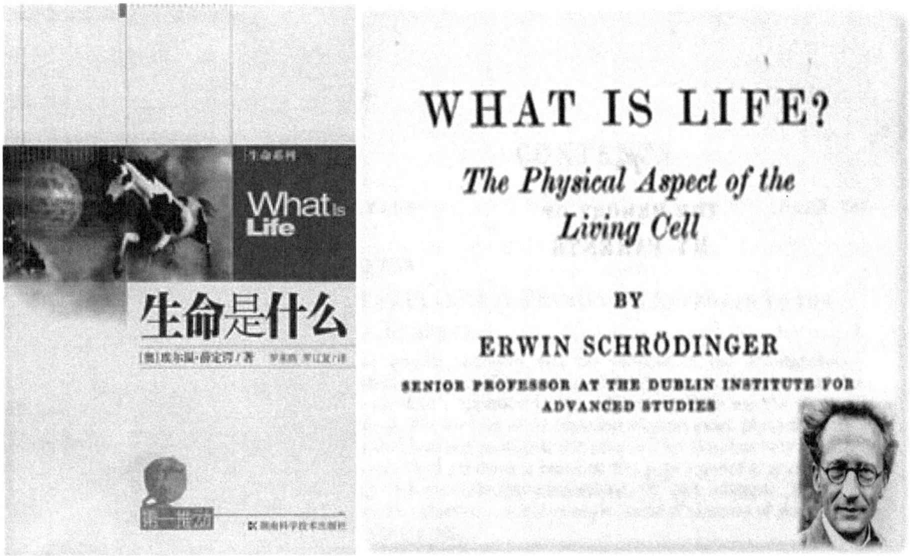

图 3.4　薛定谔的著作《生命是什么》

图 3.5　张景岳及其著作《类经》

可见，无论是古代还是现代，东方还是西方，哲学还是科学，人们都认为生命是一个复杂、不可思议、包含着神秘的现象，是精神活动和生理活动的总体概括。随着科学的发展，人类逐渐发现，生命这种现象在一定程度上是可以被认知的。

根据当今的认知水平，简单地说，生命是一个能够生长、繁殖、代谢、应激、进化的复杂的物质系统。从生物学上描述，生命泛指有机物和水构成的一个或多个细胞组成的一类具有稳定的物质和能量代谢现象（能够稳定地从外界获取物质和能量并将体内产生的废物和多余的热量排放到外界）、能回应刺激、能进行自我复制（繁殖）的半开放物质系统。生命个体通常都要经历出生、成长和死亡，生命性状则在一代代个体的更替中通过适应环境发生改变，即通常所说的生物进化。

一直以来，生命的问题都困扰着人们，生命是如何演化出来的呢？我们知道，宇宙是一个变化着的宇宙，变化是宇宙的固有禀性。在宇宙变化过程中，物质结构有着由简单向复杂演变的过程，而整个过程由宇宙规律所决定（物质规律之外更高深的东西不是我们今天的认知能企及的）。组成生命的物质主要有碳、氢、氧、氮等，这些元素是宇宙物质演化过程中的产物，在宇宙规律的作用下，各种元素被赋予了不同的力学属性，这些不同力学属性元素的产生和存在为之后更加复杂的物质结构及生命的出现创造了条件。

在地球上，最初阶段的物质演化是单质元素合成无机化合物的化学反应过程。地球的自然环境为某些物质之间的作用提供了条件，当一些元素在空气或水中相遇，它们之间会发生相互作用，化学上把原子间的强烈作用力称为化学键。单质元素之间经过化学反应，形成了化合物，这些具有新的属性的物质之间又会构成了新的作用力关系形式。在地球环境的持续演化过程中，在某些区域无机物的数量和种类在不断增加，在一定的外在条件下，一些无机物向着更加复杂的物质结构——有机物进行演化。因此，我们可以这样来理解生命，每个原子都有其特定的属性，当一个原子与其他相同或不同的原子结合在一起的时候，这种组合就成为一种具有新的物质属性的存在，而生命是由无数原子结合在一起的一种非常复杂的物质组合。同时，组成生命体的无数原子不是一种杂乱无章地堆砌，而是按照一定的结构和秩序结合在一起的，这种结构和秩序与环境所施加的外力相对应，或者说是与特定环境相对应的一种作用力关系结构。

综上可知，生命是演化出来的，生命是有秩序的，生命是靠与外部交换能量维持负熵的。

3.7.2 人造体系向生命的学习

诺贝尔的生命观是一种哲学上崇敬和赞美，薛定谔的生命观是经典物理化学角度的还原论思想，中国古人的生命观则是天人合一、五行相生相克的整体论思想。但是无论哪种思想，对生命的认知都是有局限性的，所以东西方也都在对生命的尊重和神秘下产生了神学。尽管我们对生命的认知还在过程之中，但是已经走过的路为我们认识宇宙、改造世界奠定了相当厚实的基础，现在更重要的是我们如何学习的问题。

身为中国人，学习生命的演化与运行，我们基因里充满着中国古人浓厚的整体论思想，作为一个自然科学的工程实践者，此刻我真为自己是一个中国人而感到幸运。

中国古代的《黄帝内经》中有这样的论述，人以生命的形式“日出而作，日落而息”，就是由人体里的营卫二气的循环规律所决定的。营卫二气都是由脾胃腐熟运化的水谷精专部分和肺吸入的清气相合而成的，营卫之所合叫宗气。二者流行于全身各脏腑、经络等组织器官，无处不有、无时不在，时时推动和激发人体的各种生命有机功能。

营卫二气都由水谷精气为其主要化生来源，但生成营气和卫气之后二者滋润、濡养的部位就有所不同，即营行脉内、卫行脉外。

《黄帝内经·素问》曰：“营者，水谷之精气也，和调于五脏，洒陈于六腑，乃能入脉也。故循脉上下，贯五脏，络六腑也。”[11]营气与血同源于水谷精气，又与血同行于脉道中，营气与血关系密切，可分而不可离，故常营血并称。由于营气行于脉中富有营养作用故又称“荣气”。营气相对于卫气而言其性较柔和，故其性属阴又称“营阴”。

《黄帝内经·灵枢》曰：“卫气和则分肉解利，皮肤润柔，腠理致密矣。”[11]卫气主要由生成营气后余下的水谷精气化生而成，其性较之营气刚悍，具有慓疾滑利之性，故其性属阳，又称卫阳。因其具有活动力强，流动迅速，不受脉管约束的特性，所以分布遍及周身，运行于皮肤与肉之间，熏于肓膜，散于胸腹，卫气的主要功能是护卫肌表，温养脏腑，调节腠理以维持体温的相对恒定。

营卫二气的循行从表面上看分别行于脉内和脉外似乎各不相干，各司其职。实际上二气是循人体的经络、脏腑运行，往复绵绵不绝，日夜循行不息，如同天地日月的运转一样如环无端，周而复始，相互取长补短共同调节着人体的各种生理功能。

由上可知，营卫二气运行于血脉和脏腑之中，相对于显性的五官和四肢，其表征是隐性的，但是作用确是显著的。生命体作为开放的复杂体，首先要靠吸收外界能量（食物和空气等）而化生营卫二气，营卫二气的隐性循行，驱动着生命体内在的各个主体（器官）的显性运作，从而保持着生命体内部和外部环境的平衡与适应，进而在中国五行学说的相生相克中实现了薛定谔所说的生命物质体现出一种高度的秩序和规律性的负熵特质。

生命体的营卫二气主要是靠心脏和呼吸系统两大永不停歇的动力驱动着在全身无始无终、无首无尾的运行，从而使人能够思考、能够跑跳、能够传承、能够进化。气息、脉络是隐性的，运动、生死是显性的，也许正是生命体这隐性与显性的相互促进和转化，才使有机成为生命，使生命能够负熵。

如果把人造工程体系当作一个复杂生命体，比如人来看待的话，那么什么是人造工程体系的“营卫”二气，怎么产生，怎么发现，怎么管理，怎么驱动呢?

笔者认为，人造工程体系的“营卫”二气产生于体系内外的能量和信息的交换，运行于体系各主体之间，也可以说就是霍兰教授在《隐秩序》中所说的“内部模式”。体系一经建立，关联就已产生，这种内部模式注定体系的“营卫”二气也是隐性的，认知它们、利用它们、发展它们，就是人造工程体系向生命的最好的学习。

人体的营卫二气来自外部的水谷精气，所以人造工程体系学习生命，就必须开放，吸收外部的能量和信息。

人体的营卫二气循行有序，各司其职又相互促进适应，所以人造工程体系学习生命，就必须构建秩序，建立适应性机制。

人体的营卫二气主要由心脏和呼吸两大动力系统进行驱动，所以人造工程体系学习生命，就必须构建能循行全体系的引擎。

以前，我们没有技术手段，现在，利用 CPS 技术体系既可以对隐性秩序进行认知，又可以在前述“自重构”的帮助下构建体系自成长的生态环境。可以说，人造工程体系被赋以生命力的时候已经到来了。

CPS 的从隐秩序到显规则的技术方法，为我们从自然生命到人造有机开辟了新路径。CPS 是人造工程体系发现隐秩序的最佳工具，自重构机制为人造体系学习自然生命提供了不二选择，虚实映射是隐秩序与显规则的相

互转化和循环促进的虚实混合空间，为我们认知人造体系的“营卫”二气奠定了重要基础。体系不是动态的，生命体的营卫二气是靠心脏和呼吸驱动的，人造体系的演化的动力引擎需要我们自己设计。

生命是有秩序的，生命体的营卫二气的运行也是有规律的。自然界的进化并不是在我们可知的某一主宰下进行的，而是在无中心的自然法则下自主演化的，而自然法则怎么产生和发展我们也只能认识到一部分，所以人类把那些未知的部分交给“老天爷”或者“上帝”。自然界的生命体是在自然法则作用下演化发展的，那么人造体系遵循什么规则，这些规则怎么制定和进化？我们无法照搬自然法则，但是我们至少知道可以参照我们虽然认知有限的自然生命和生态，CPS 已经为我们认识生命有机和复杂性的隐秩序打开了一扇门，此刻，我们似乎感觉到生态工程体系大门内，体系生命的“上帝之手”正在向我们召唤。

第4章

规则引擎：生态工程体系构建和演进的“上帝之手”

热力学第二定律，也可以说是一种物理规则，认为封闭系统的“熵”将会随着时间的增加而增加，“熵”是具有精确物理定义的术语，但是对于大多数情况来说，我们可以将它等同于“混乱”。因此，热力学第二定律从根本上说，随着时间的流逝，整个宇宙会变得更加混乱和无序。

要注意，热力学第二定律只适用于封闭系统，即没有任何物质和能量的交换。在自然界中，并不存在绝对封闭的系统，因此物种能够在不违反热力学第二定律的情况下，在局部从无序中产生秩序，而这正是进化所需要的。

进化论也是一种规则，它所描述的生物适者生存的进化规则是众所周知的。生物体通过随机的基因突变满足了生态的某些适应性要求，从而在自然选择中该突变会被遗传保留和增强，导致后代具有和其先辈不同的特征。大多数的基因突变会产生“有序”的简单的个体生物，而仅有一部分基因突变会产生更复杂的个体生物。在这个过程中，“自然法则”正是诱发进化的外部力量，我们称之为“规则”，产生“有序”个体的基因突变，我们称之为“逆熵体”。正是这二者的存在构成了生态演进的种种奇迹。

自然界的进化、人体的营卫二气并不是在我们可知的某一主宰下进行的，而是在无中心的自然法则和秩序下适应性的自主演化的，自然法则的产生和发展、营卫二气的循行与转化我们也只能认知到一部分。人造体系的构建与演进在学习生命或生态过程中，也需要设计一个去中心化的体系环境和运行规则，并设计能够驱动自主演化的动力机制。这里，我们把人造体系的运行秩序定义为“规则”，把驱动体系循行运转的动力定义为“规则引擎”或“上帝之手”。

4.1 体系的层级与规则的作用域

在生物学上，为了便于厘清不同类群之间的亲缘关系和进化关系，生物学家用域（Domain）、界（Kingdom）、门（Phylum）、纲（Class）、目（Order）、科（Family）、属（Genus）、种（Species）对生物加以分类。种是最基本的分类单位，科是最常用的分类单位。最上层的界，分别为原核生物界、原生生物界、菌物界、植物界以及动物界。从最上层的“界”到“种”，越往下层则被归属的生物之间的特征就越相近。通过生物层级，可以快速地找到该层级生物的一些共性特征和规则。

不仅是生物学，在其他人造的生态体系中也有自己的规则层次划分，比如法学、物理学、经济学等。

4.1.1 法律的层级

我国的法律分为三个层级，第一层级（法律）：由全国人大常委会制定的法律，以“法”字结尾，以“中华人民共和国”开头，如《中华人民共和国宪法》《中华人民共和国证券法》等。第二层级（部门规章）：由国务院、各部委、审计署等颁布实施的行政法规，常在电视新闻上看到的由总理签发国务院令的就是，一般会以“办法”“条例”等结尾，如《中国制造 2025》《消防安全管理条例》等。第三层级（地方政府规章）：各省市自治区政府制定的地方性规章，知道制定主题就很好判断了，以“条例”结尾居多，如《某地道路运输条例》《某地住房公积金条例》等。

在我国，不同层级的法律，效力是不一样的，第一层级效力最高。下位法效力与上位法不得冲突，冲突则无效，具体原则包括：

（1）宪法具有最高的法律效力，一切法律、行政法规、地方性法规、自治条例和单行条例、规章都不得同宪法相抵触。

（2）下位法不得与上位法的规定相抵触，但是执行中下位法优于上位法，以体现规则与实际的适应性；同位法之间具有同等效力，在各自的权限范围内施行。

（3）在一般法和特别法的效力问题方面，法理上适用的是“特别法优于一般法”的原则。在新法和旧法的效力问题方面，法理上适用的是“新法优于旧法”的原则。

（4）法律之间对同一事项的新的一般规定与旧的特别规定不一致，不能确定如何适用时，由全国人大常委会裁决。行政法规之间对同一事项的新的一般规定与旧的特别规定不一致，不能确定如何适用时，由国务院裁决。

因此，在法律体系中，规则是有层级的，既有刚性原则也有柔性适应，而且还有一套规则用来规定不同层次规则之间的关系。

4.1.2　物理学的作用域

所谓“微观”与“宏观”之分，起初来自物理学。虽然一般地说，许多人往往仅在相对尺度大小的意义上区分“微观”与“宏观”，例如把只能在显微镜下看见的东西看作“微观对象”。但也有学者在更特殊的意义上区分“微观”与“宏观”，把“基本粒子世界”称为“微观世界”。在“微观世界”中，量子力学规律发挥作用；在“宏观世界”中，牛顿力学发挥作用。后来，人们发现在宇宙尺度，牛顿力学也有一些不能解释的现象，直到爱因斯坦提出了广义相对论，也因此宏观被重新定义到宇宙尺度，而经典力学的作用域被称为“中观”。

量子力学、牛顿力学和广义相对论，并不存在谁对谁错的问题，也不是简单的包含关系，只是每一种规则都有自己的适用范围，也就是作用域。那么是否存在一种规则，能够适用于所有作用域呢，这也是物理学家们孜孜不倦地追求的目标。

不过，至少目前，大多数规则应该都有自己的作用域。

4.1.3　经济学的规则

后来，经济学家从物理学中借用了“微观”和“宏观”这两个术语。我国著名经济学家张培刚说：“宏观经济学的‘宏观’，微观经济学的‘微观’，原是自然科学，特别是物理学所用的概念，本意是‘宏大’和‘微小’。其移用于经济学，最早是在 20 世纪 30 年代初，但当时也只限于个别场合。到第二次世界大战结束后，特别是 20 世纪 60 年代到 70 年代，‘宏’‘微’之学始大为流行。”

微观经济学以单个经济单位为研究对象，通过研究单个经济单位的经济行为和相应的经济变量单项数值的决定来说明价格机制如何解决社会的资源配置问题。宏观经济学以整个国民经济为研究对象，通过研究经济中各有关总量的决定及其变化，来说明资源如何才能得到充分利用。微观经济学与宏观经济学是互相补充的，二者的研究方法都是实证分析，微观经济学是宏观经济学的基础。

学界比较认同的中观经济学，应该是以城市或者区域整体经济效益为视角，对当今世界上城市化、区域化过程中所出现的经济现象、社会现象进行的研究。相比较于宏观经济学的国家视角和微观经济学的经济人视角，中观经济学更加适合于地方政府的管理需要和跨国公司的区域战略需要。尤为令人称道的是，作为中观经济学主要学科的区域经济学、城市经济学以及产业经济学，对于空间因素极为重视，这区别于以前的传统古典经济学。

可以看出，经济学的规则在层次上也分成了“微观”“中观”“宏观”，每个层级的规则也都有自己的研究方法和适用范围。

4.1.4 生态体系的规则

社会秩序是由显性秩序和隐性秩序共同构成的，显性秩序是人类群体为了划出一个供大家友好相处、互通有无的舒适圈而制定和总结出的种种制度，而隐性秩序则是指那些随生命一同诞生的自然界的公理，与显性秩序不同，隐性秩序更依靠某个群体中的传承而非个体的学习来获得。

从自然界和社会秩序的层级和规则分析，我们可以归纳得出，生态体系的规则应该也有层级和作用域（适用范围），而且也要既有刚性也有柔性。我们将生态型工程体系的规则按照 CPS 的层级划分为三个层级，以及三层之间的衔接，即微观规则（单元级）、中观规则（系统级）、宏观规则（SoS 级）和规则之间的规则，其作用域及特性如表 4.1 所示。

表 4.1　三层规则及规则之间的规则的作用域及特性

<table>
<tr><th>层　级</th><th>原　则</th><th>内　容</th><th>作用域</th><th>特　性</th><th>修　改</th><th>奖　惩</th></tr>
<tr><td>宏观规则（策略层）</td><td rowspan="3">1. 下位规则不得违反上位规则
2. 在选择适用规则时，优先匹配下位规则</td><td>少而精，多为原则性</td><td>体系中所有主体</td><td>稳定</td><td>外部介入</td><td>禁止性规则</td></tr>
<tr><td>中观规则（自治层）</td><td>较多，针对某个群体或某个维度的原则和通用规则，清晰明确</td><td>大型群体或系统</td><td>兼具稳定和灵活</td><td>自我修正与外部介入相结合</td><td>允许和禁止</td></tr>
<tr><td>微观规则（自由层）</td><td>很详细，针对具体场景、个体和任务的规则，操作性强</td><td>个体或小群体</td><td>灵活</td><td>可自我修正</td><td>允许性规则</td></tr>
<tr><td>规则间规则（涌现层）</td><td>负责层级间演化，维持整体性</td><td>不具体，一般在演化中识别，层级间相互作用</td><td>三个层级</td><td>兼具稳定和灵活</td><td>自我修正与外部介入相结合</td><td>允许和禁止</td></tr>
</table>

4.2　生态体系的三层规则与建模

从对社会科学和自然科学的学习和认识中，我们总结出生态体系的规则分为宏观、中观和微观三个层次，以及三个层次之间的两个衔接。结合我们前面提到的工程体系的生态特征，我们需要对三个层次的规则以及规则之间的规则关系分别进行研究并建模。我们知道这三层规则两个衔接不是孤立存在的，必须整体描述，才能反映体系的全貌。为此，我们再次把笔者在《从降维解析到映射升维——复杂工程系统原理探索》一书提出的以解决复杂性整体描述为目标的 V++模型请出来，尝试用 V++模型对生态工程体系的三层规则两个衔接进行建模。

需要说明的是，无论是宏观规则，还是中观规则和微观规则，乃至三层规则间的规则，都属于指导类的通用性规则，是具体操作规则的指导性原则。而具体在三个层面，以及三层之间的执行，还需要具体的业务规则，而笔者认为业务规则没有一定之规，是个仁者见仁智者见智的事情，更是不断认识和发展的领域。

4.2.1 宏观规则

宏观规则是原则性规则，前面我们讨论了生态体系的特征，在宏观层面，往往是大时间尺度的特征在发挥作用。从这个角度来说，在生态工程体系中的宏观规则更像一种策略，是构建工程体系的目标和原则的表达，以最终目标方向为导向。它拟定出来的是一个大的原则，于是基于这样的思考，就衍生了一系列相关的宏观策略。

宏观策略作用于全局，为了保证足够大的影响范围，在数量上相对较少，内容也以定性为主。以智能船舶工业生态为例，宏观策略可能只是“环保”要求，这是一个非常简单的、定性的概念，但是却可以影响到智能船的方方面面；在中观规则层面，才会针对航行、维护、主机等系统提出要求；在微观层面则会针对某一个设备甚至某一项指标提出定量的要求。

宏观策略虽然作用于全局但并不会直接作用于主体，所以在效力上会有延迟，毕竟生态主体和活动会首先在中观规则和微观规则指导下活动，如果存在规则的空白，那么违背了宏观策略的行为会需要一定的时间去调整中观规则和微观规则，最终才能修正这种行为。

同时，宏观策略应该比较稳定，不会轻易更改，在大多数情况下，生态工程体系是不能从内部更改宏观策略的，除非生态外部发生了重大变化，例如苏联解体后，美军装备体系的宏观策略就由装备竞赛转移到了其他，而之后的装备体系跟之前有了很大的变化，可以说是一个新的体系。

所以说，一个生态工程体系的宏观策略，应该是不易改变的，尤其不能自主改变，因为宏观策略一旦改变，就意味着整个体系的目标和方向发生变化，会产生一个新的体系。

因此，生态体系的宏观规则应该具备但不仅限于如主体多样、整体稳定等生态特性。

4.2.2 中观规则

中观规则是通用性规则，作用于体系中的系统或子系统，是生态中某一维度或某一族群的规则或规范，是一个承上启下的综合体。中观规则一方面是宏观规则的下位表达，是将宏观策略在某个局部生态的聚集和共性总结；

另一方面又是这个微观生态的顶层战略，用来把控微观生态发展与宏观生态引导的一致性。比如法律体系中的刑法、民法，经济学体系中的市场经济学、城市经济学等。

因此，中观规则会兼具宏观规则和微观规则的特征，同时更突出表现生态涉及群体和群体之间的特征，比如生态的优胜劣汰、边界弹性等往往都是在中观规则层面更加突显的。

可以说，中观规则是生态工程体系规则模型中最具难度的一层，既需要宏观考虑问题的视角，又要适应局部生态的复杂性，从而在保持相对稳定的同时持续演化。中观规则是最需要创造力的层次，也是最能发挥创新效能的层次，中层规则还是从隐秩序到显规则转换和利用的最佳场所。在后面我们讨论规则引擎的智能时会发现，中观规则对于规则引擎的智能化要求最高，生态体系的“逆熵体”通常也会在中观层面发挥更大的作用。

因此，生态体系的中观规则应该具备但不仅限于如吸引聚集、生命负熵、适者生存等生态特性。

4.2.3　微观规则

微观规则是一种指导性规则，一般规定了体系中主体的具体执行面，需要对活动的整个流程、与环境相关的所有风险信息进行规定。比如在产品流程上，我们需要了解整个流程中，一共有几个操作页面，每个页面是否都能采集到与之相关的数据等。

微观规则一般是灵活多变的，会依据活动、环境和主体的变化快速适应，隐秩序的建立和发现基本都在微观层。同时，微观规则要求精准，需要规定到具体的主体、特定的活动和明确的量化要求，才能在执行过程中有效地发挥作用。

微观规则应该是及时生效的，对于生态主体的行为给予及时的鼓励或制裁，因此微观规则对于快速响应能力要求最高。

因此，生态体系的微观规则应该具备但不仅限于如内生秩序、个体扰动、优胜劣汰等的生态特性。

4.2.4　规则之间的规则

生态体系中的宏观规则、中观规则和微观规则，在效力上下位规则不得违反上位规则，因为越是宏观策略越不易更改，或者说更改的代价很大；在选择适用规则时，优先匹配下位规则，因为下位规则负责落地和实施。

规则之间的规则还体现在规则本身的演进上，微观规则要根据主体的行为进行演进，多以自主行为为主；中观规则要根据微观规则进行学习，发现并找到隐秩序，挖掘其共性知识，然后转换到中观规则中成为显规则，并进行推广应用，中观规则的演进以自主和外部介入相结合为主；宏观规则同样需要反馈，是中观规则的集大成，对整个生态体系的运转是否存在偏差、体系效能是否得到发挥进行引导和管理，宏观规则的演化以外部介入为主，不宜自主演化。

三层规则以及三层规则之间的规则演化要确定奖惩机制，这是规则以及规则之间的规则演化和作用的关键。符合三层规则和三层规则之间的规则的原则的，符合生态体系特性的属于鼓励的范畴；相反，就属于惩罚甚至禁止的范畴了。

因此，生态体系的规则之间的规则应该具备但不仅限于如开放包容、边界弹性和生生不息等生态特性。

4.2.5 生态工程体系的基于 V++的三层规则模型

综上分析，笔者在宏观、中观、微观层面，以及三个层面之间，依据生态体系的特性对规则模型的影响和要求，提出了建议并进行了划分，如表 4.2 所示。

表 4.2 生态体系的特性对规则模型的影响和要求

指导规则	生态体系的特性	业务规则的特性
宏观规则	主体多样、主客一体、整体稳定	稳定、统一、平衡、效能
中观规则	吸引聚集、生命负熵、适者生存	集群、熵减、有序、适应、功能
微观规则	内生秩序、个体扰动，优胜劣汰	竞争、活跃、创新、性能
规则之间的规则	开放包容、边界弹性、涌现不息	流程、涌现、奖惩

从自然界和社会秩序的分析，我们已经归纳得出，生态体系的规则应该有层级和作用域（适用范围），而且既有刚性也有柔性。建模的方法也是林林总总，我们基于工程实践尝试性地给出建议，如表 4.3 所示。

表 4.3　规则模型的选择与建模方法建议

生态体系的特性	对于规则建模的作用域（模型选择与建模方法）				生态工程体系规则模型
	宏观规则	中观规则	微观规则	规则之间的规则	三层模型
主体多样 主客一体	去中心模型	松耦合模型	随机模型	随机过程模型	V++模型
吸引聚集 内生秩序	非线性混合效应	蜂巢模型	聚类分析模型	非监督学习模型	
生命负熵 开放包容	熵增模型	神经网络模型	时间序列模型	周期性检验模型	
适者生存 优胜劣汰	遗传算法模型	决策树模型	生存算法模型	演化博弈模型	
个体扰动 整体稳定	统计力学模型	逻辑回归模型	布朗运动模型	统计力学模型	
边界弹性 涌现不息	布鲁塞尔模型	逻辑回归模型	布朗运动模型	统计力学模型	

可以看出，对于生态工程体系的规则建模，需要从三个层次同时入手，同步完成宏观规则、中观规则、微观规则的规则模型，只不过不同层次的模型粒度不同而已。体系是个动态完善的过程，从某种视角上可以说，在构建体系的第一块砖的同时，体系的微观、中观和宏观就同时出现了。同时还要考虑到层次之间的规则相互作用，需要保持松耦合、去中心化和学习演进等特性，这与我们实践的比较多的复杂工程系统的要求非常相似。

复杂工程系统由很多子系统、设备组成，在复杂工程系统一开始构建时，就有了设备、子系统和复杂系统三层，只不过构建之初，设备、子系统是沿用过来的。在复杂工程系统演化的过程中，适应性改进的子系统和设备，以及全新研发的子系统和设备开始加入或者替代原有的旧设备或子系统，在这种加入或替代过程中，每一层的变化都会带来其他层的演化。复杂过程系统之所以复杂，就是因为设备、子系统和复杂系统既是递进发展关系，又是同时方生方死的共存。因此，笔者在“复杂性研究三部曲”的第一部中阐述过，复杂性研究的第一步就是要从传统的只能降维复杂系统为一局部或一时段，升维到对复杂系统可以进行全景的同步描述和全生命周期关注，V++模型也就是因此而产生的。

因此，我们现在面对与复杂工程系统的全景描述类似的生态工程体系的时候，有理由相信，V++既是生态工程体系全景描述，也是体系三层规则完整表达的最适用模型。生态工程体系的全景描述需要借用数字孪生的逆熵体才能使体系拥有生命力，完整表达三层规则，尤其是规则之间的规则，需要借用 CPS 技术构建虚实映射。至此，我们就可以得到生态体系的基于 V++的三层规则模型，如图 4.1 所示。

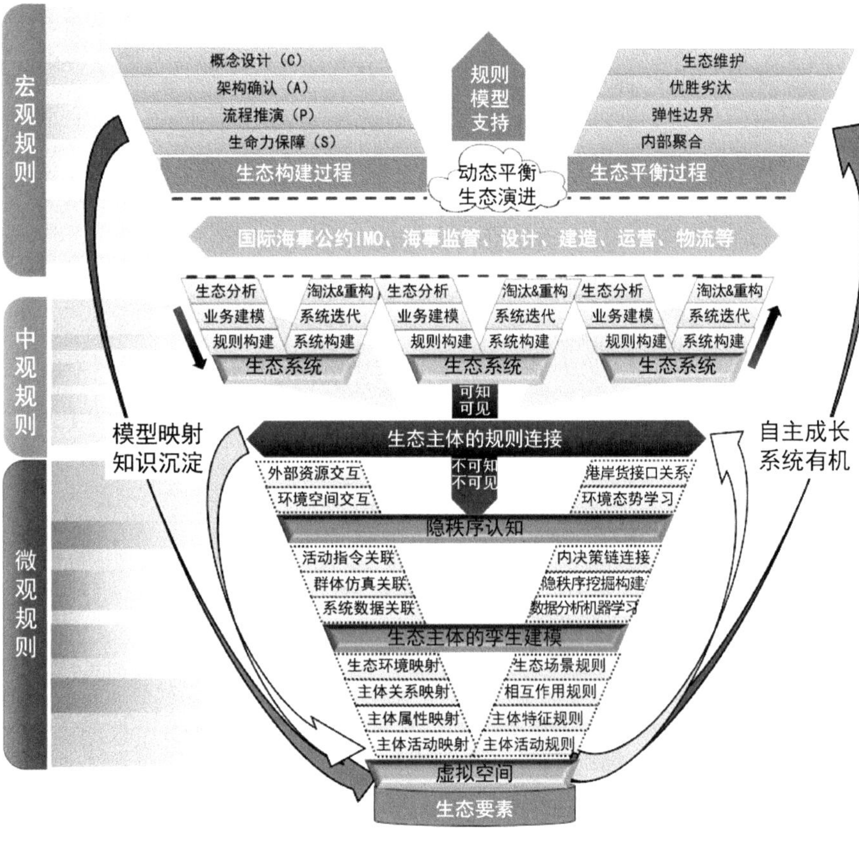

图 4.1　生态体系的 V++三层规则模型

对应基于 V++的生态体系三层规则模型，生态工程体系的实体顶层对应 V++的 V，宏观规则主要在这里发生作用。

对应基于 V++的生态体系三层规则模型，生态工程体系的实体系统主要对应 V++的中间的 V，中观规则主要在这层发生作用。

对应基于 V++的生态体系三层规则模型，生态工程体系的各类主体主要对应 V++的虚体里的 V，微观规则主要在这层发生作用。

对应基于 V++的生态体系三层规则模型，规则之间的规则主要对应 V++

上位和下位的两个“+”，体系的有机和涌现主要在这里发生作用。

现在，我们终于到了必须关心这些“V”和“+”是怎么相互作用的时候了。

4.3　规则引擎

在 IT 界，规则引擎由推理引擎发展而来，是一种嵌入在应用程序中的组件，实现了将业务决策从应用程序代码中分离出来，并使用预定义的语义模块编写业务决策。接受数据输入，解释业务规则，并根据规则做出业务决策。在此我们借用其名字和原理，来实现生态体系工程中的规则引擎。

规则引擎可以在生态体系运转时，将宏观、微观、中观的业务规则加载到引擎中，并使体系各个主体按照其所适用的规则进行工作。因为规则也是生态的主体，也需要淘汰和新生，也需要适应，从而匹配体系的适应性。而规则适应性的主体就是规则引擎，其特性是：

（1）本身不是规则，没有载入规则时不发生作用。

（2）是各层级规则的载体，由规则驱动引擎发挥规则的效用。

（3）可以和体系中所有主体发生相互作用。

（4）存在与体系外部的接口（以备宏观规则改变需要外力）。

（5）可以挑选规则，即淘汰掉不再使用的规则。

（6）可以诞生新的规则，用新的规则适应体系的适应性。

4.3.1　规则引擎与 V++模型

规则引擎本身就是一个智能体，在前面构建的 V++三层规则模型中既可以直观地看到生态工程体系的全貌，也可以看到由于体系层级的不同粒度和使命，生态工程体系按照宏观、中观、微观三层不同规则进行演化，而驱动这规则运转的引擎就是嵌套在 V++三个层次两个衔接中的规则引擎。

V++模型主要由“V”和“+”两个部分组成，在这里学习借鉴人体营卫二气的运行在一呼一吸之中，由心脏和呼吸两大动力脉动的生命特征，我们生态工程体系规则引擎分别定义为规则引擎的规则执行器和规则生成器，如图 4.2 所示。

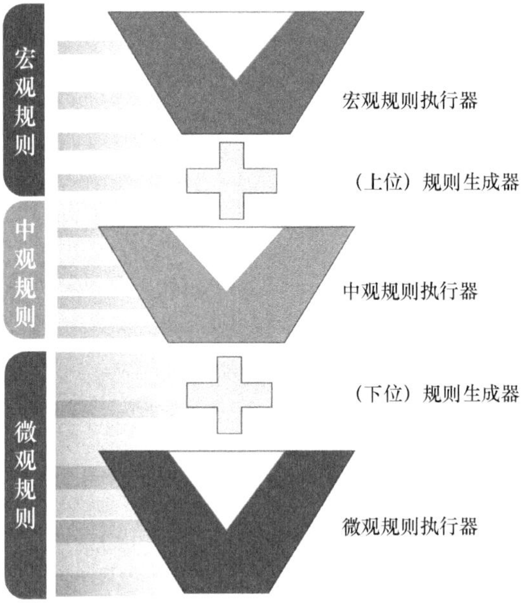

图 4.2　基于 V++的规则引擎

1. 规则执行器

规则执行器，对应 V++模型中的“V”，是用来加载规则、卸载规则和执行规则的系统，按照加载的内容不同，所需要的规则响应速度、执行力度有所不同，可以分为宏观，中观和微观三种规则执行器，遍布于生态体系各层各处，无所不有，无处不在。可以类比成人体的卫气，护卫体系的规则和秩序，温养体系的各个主体，调节体系的弹性边界以维持体系的效能和稳定。

2. 规则生成器

规则生成器，对应 V++模型中的两个“+”，用来连接上下两层规则执行器，使体系的三层形成一个如环一样无端的整体。规则生成器类比人体的营气，循行于体系三层的各类关联，滋养着体系的四肢百骸，为认知和演进提供营养和动力。规则生成器具有自认知和自进化的能力，随着其认知能力和算力的提升，规则生成器可以不断进化，加速 V++模型三层的运转，在自我学习和演进中，智能选择规则，并产生新的规则，实现自主演进。

3. 工作流程

在规则引擎的工作流程中，首先由规则生成器进行规则选择，根据生态体系的需求选择最佳的规则组合并下发给规则执行器；规则执行器收到规则选择指令后，会加载和卸载对应的规则，并开始面向生态主体执行规则；同时，规则执行器收集规则执行的结果并反馈给规则生成器；规则生成器则基于新的反馈输入，通过认知学习生成新的规则，增强系统的适应性，并开始新的一轮规则“选择—加载—执行—反馈—学习—生成”的过程，如图 4.3 所示。

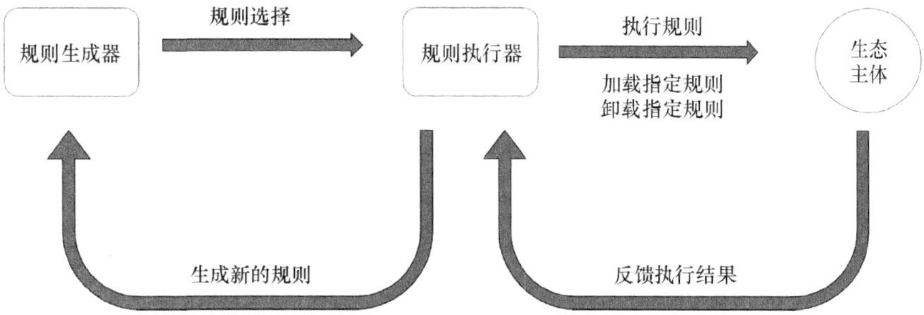

图 4.3　规则执行器和生成器的工作流程

4.3.2　规则执行器

规则执行器完成了规则引擎工作流程中“加载—执行—反馈”的过程，其执行的灵活性、机动性以及反馈的及时性和选择性是影响规则执行器的关键因素。

因此，宏观规则、中观规则、微观规则对规则执行器的需求并不相同，从规则执行器的技术实现上来看，微观规则执行器需求最低，中观规则执行器需求最高。

1．微观规则执行器

微观规则执行器在生态体系工程中充当微观规则的载体，目前存在于各种产业中的自动化系统属于此类，微观规则执行器具有感知、控制、执行和反馈的闭环，更加侧重功能性的设计，解决的是确定的问题，系统以预期和实际之间的差异作为负反馈控制的依据，通常是由预先定义的逻辑或者规则进行控制的封闭系统。

微观规则引擎往往不需要具备动态加载能力，不能对各种不确定性以及多变的环境及任务产生响应。

2．宏观规则执行器

宏观规则执行器在生态体系工程中充当宏观策略的载体，系统架构和默认的操作方式在方案设计阶段被定义和确定，在整个系统的生命周期中不会发生变化。相比于微观规则执行器，宏观规则执行器具有动态控制功能，并且可以将规则调节到最优执行水平，以实现体系效能优化。

由于宏观规则需要保持相对稳定，因此执行器的设计更加注重稳定性。当体系发生偏差时，或者周边环境产生变化的情况下，需要生态体系的外部力量介入并进行干预和调整。

3. 中观规则执行器

中观规则需要应对已知模式的变化，因此中观规则执行器在设计时需要考虑多个可替代的控制模式，以便其在运行时保持在最佳模式。

在 V++模型中，中观规则执行器需要衔接上下两层规则生成器，在规则加载和执行的过程中会面临多重决策的选择问题，因此要求中观规则执行器具备一定的推理和学习能力。

同样地，中观规则在感知、记忆、认知、决策和重构层面也面临双重需求，需要引入我们前面详细介绍过的 CPS 系统的各层级能力。自感知并不等同于人类心理学层面的自我感知，CPS 的自感知对应人脑中的初级思维功能，包括对当前状态的评估，设备与环境、设备与任务之间的关联关系识别，不同情境对系统影响的判断，特定场景中的操作理解，以及上下文语义识别。CPS 的自感知构成了一种本地化的“系统世界观”，这种自感知的强弱很大程度上取决于引入信息的多少，以及可用信息的范围。从感知到记忆，逐渐积累学习就会产生新的认知和决策，这也就生成新的规则了。

4.3.3 规则生成器

规则生成器负责规则引擎工作流程中“学习—生成—选择”的过程，学习和认知能力是构建规则生成器的关键，需要更广泛地运用 CPS 智能技术。对规则生成器的最基本要求是具备认知能力，即能根据执行器的反馈进行数据挖掘和认知学习，生成新的规则；更进一步地，规则生成器要具有自演进的能力，即能够对自身的认知算法和模型进行升级和重构，从而适应更加复杂的变化，而这些的实现也正是前面所说的 CPS 的自重构机制的核心所在。

1. 规则生成器的自认知能力和自演进能力

（1）自认知能力。

自认知能力让规则生成器成为一个可以自我成长的智能体，其价值和能力会随着使用的不断积累而增强，可以在预定义的范围内，根据实际约束条件进行自组织与自调整。

自认知是一种高级的认知模式，需要结合各种经验和知识，对陌生的情况做出适当的推理。自认知在单元级、系统级和体系级等不同主体层面上有着不同的规则驱动模式，自认知使规则生成器可以从多个不同角度建立物理世界的多种模型。自认知本身具有一定的不确定性，不同的情景和上下文语境，有可能让系统从不同角度提出多种模型。

（2）自演进能力。

自演进能力让规则生成器保持一个稳定状态，或发展到一个新的稳定状态的能力，以便响应需求、任务、目标和环境的变化。目前在设计阶段，充分预测各种运行场景和功能变得越来越困难，因此让规则生成器有自进化能力变得非常迫切，当前的各种系统还远未达到被期待的自进化水平。

2. 上位规则生成器和下位规则生成器

在 V++三层规则模型中，上位规则生成器主要用于宏观规则执行器和中观规则执行器之间，下位规则生成器主要用于中观规则执行器和微观规则执行器之间。特别是在逆熵体为体系赋能的过程中，规则生成器的自认知能力和自演进能力决定了逆熵体的最大效能。

上位规则生成器主要用于宏观规则执行器和中观规则执行器之间。从能力上来看更加侧重于自演进能力，其演进的能力基于对中观规则执行器（这也是体系中最富有变化的一部分）的认知，尤其是在外部环境变化发生较大变化时，体系的宏观使命往往需要保持不变，而微观部分又不具备重构的能力，所以通常由中观规则执行器完成重构，这就要求上位规则生成器具备很强的自演进能力，充分理解宏观的变化以及中观的能力，对体系及时进行视情调整，从而保持适应性能力。

下位规则生成器主要用于中观规则执行器和微观规则执行器之间。与上位规则生成器定性认知不同，下位规则生成器与微观系统高度耦合，对实时性要求更高，往往需要高频生成定量且可检验的规则，这就对其认知能力提出了更高的要求，即以相对少量的数据快速做出定量分析的能力。这需要三方面的技术支撑，第一是大量的背景数据积累和行业知识的沉淀；第二是强大的算力和时间敏感的传输网络，包括云计算和边缘计算等技术的应用；第三是定制化的数据模型和算法，包括专家系统、智能搜索引擎、计算机视觉和图像处理、机器翻译和自然语言理解、数据挖掘和知识发现在内的人工智能技术等。

规则生成器的协同主要用于上位规则生成器和下位规则生成器之间的沟通与协同。云计算尤其是混合云为这种协同提供了基础：私有化的上位规则生成器和下位规则生成器可以在属于体系的共有云上进行协同。从这个角度来说，上位规则生成器和下位规则生成器本身就是端云一体的，只是在任务场景和能力要求上有所不同。

4.4 基于 V++的规则引擎

工程、技术、科学的无首尾逻辑关系引发工程对科学的推动，笔者在大量工程实践基础上，针对解决复杂系统的特性，运用上述方法和构建，总结了一些工程体系适应性机制构建与演进的规则，供读者参考。这些规则也许是一孔之见，但是这是大量工程实践检验过的探索，也许还稚嫩，但是值得去雕琢。

主体变化的熵减规则：主体的变化乃至进入或退出，都遵循熵减原则，任何一个主体在适应上所做的努力，都是要去适应别的适应性主体，从而在一定时间维度上，主体的群体组合可以通过经验积累和学习不断进化，成为智能体。

有序优先规则：主体之间的协同和相互作用产生的涌现，遵循无序向有序优化发展的原则，这也是判定涌现是否有益的一个基本判据。

规模幂律规则：受工程系统在资源、空间以及网络通信能力等因素的影响，主体在集成工程系统过程中，受到规模的限制，即系统规模不能无限扩大，类似于自然系统中生物体在规模上受到 3/4 幂律的限制一样，复杂工程系统在规模上也受到类似幂律的限制。

能力包最小规则：主体之间通过相互作用而完成协同任务的主体之间的最小集原则。这里不仅定义了协同主体，也定义了完成什么协同任务。就像象棋中的“马”和“炮”的协同，可以完成马后炮的协同任务一样，这也是复杂工程系统整体可以灵活运用的积木。

环境适应性规则：封闭环境的构建要具备适应主体各类活动的多样性和不确定性，要有充足的消减冲突和容错的能力，易于主体的活动和演化。开放环境的构建，要遵循自然界适者生存的法则。

流程遍历性规则：条条大路通罗马。流程是以效能为目标的能力包的排列组合，也是各类规则的灵活运用，通过流程可以遍历复杂工程系统整体，通过流程的优化可以通过主体的变化（进入、退出、功能减退等）找出替代路径，为系统找出可行的解决方案。

效能完成度规则：复杂工程系统效能指标没有唯一解，也就是没有最好只有更好。效能指标的完成要根据任务和环境的变化动态调整，并且一般是用一个功能关于时间区间的指标来表达。

从对复杂系统的复杂性认知出发，到总结复杂工程系统的特性，再到构建工程体系的适应性机制，现在我们的研究工作到了智能规则引擎赋能体系以生命力的阶段，我们希望能继续前行（见图 4.4）。

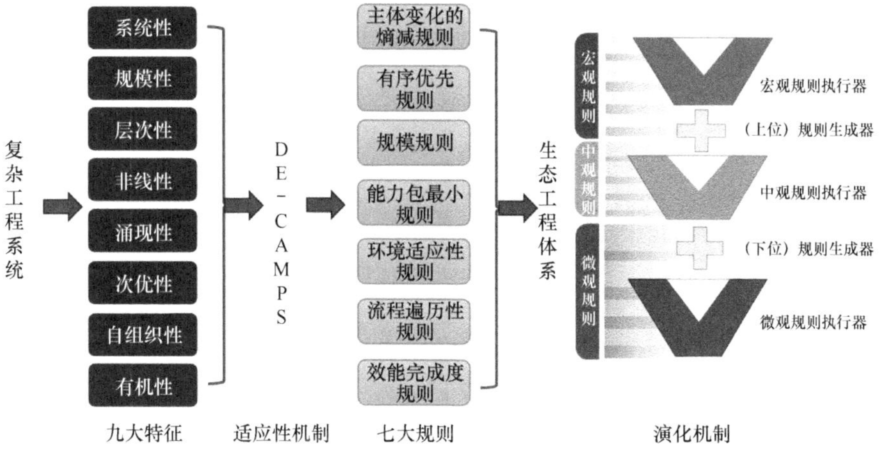

图 4.4　生态工程体系的发展路径

按照 V++三层规则的设计，由下而上，一层比一层稳定，从一种稳态演进到新的稳态，起关键作用的就是规则引擎，规则执行器让体系在预先设计的规则和范围内运行，维护体系的稳定；规则生成器在运行中寻找突变，也就是自认知生成器基于数据对隐秩序持续挖掘和学习，自进化生成器基于虚实映射把隐秩序的认知转化为可使整体适应的显规则，从而使体系引入新主体或新规则，并加载到执行器执行，在执行中产生新的认知、新的进化，如果这种适应性在整个体系的上层被接纳，那么新稳态就产生了，自进化就实现了。

V++是为解决工程体系复杂性全景描述而设计的模型；V++三层规则模型是为构建工程体系的适应性机制，而加载了宏观、中观、微观三层规则以

及规则之间的规则；规则引擎的设计实际就是赋能体系三层规则及规则之间的规则实现运行的驱动力。规则引擎在体系的三层规则间运行，工程体系才拥有了智能和生命，从而可以实现工程体系的生态构建。只有生命才能负熵，我们基于 V++三层规则模型构建了规则引擎，就是给体系赋予生命，也就是实现了体系的逆熵，所以我们把基于 V++三层规则模型构建的规则引擎称为“V++规则引擎”，把加载了 V++规则引擎实现熵减的体系称为逆熵体。

第5章

基于数字孪生的逆熵体：生态工程体系演进的灵魂

5.1 熵增与逆熵

我国自主研制的“天问一号”火星探测器顺利着陆火星，并传回了火星照片，让我们也能够通过自己的航天技术见识到火星上萧肃荒凉的景象，在无穷无尽的外太空里，景象不外如是。因为在缺少生命的世界里遵循着让整个宇宙近乎绝望的一条定律，那就是热力学第二定律，也称为熵增定律。熵是用来衡量一个系统混乱或有序程度的参数。根据热力学第二定律，一个封闭系统的熵总是朝着增加的方向发展的。根据这一定律，德国物理学家克劳修斯得出了“整个宇宙将步入‘死寂’”这一悲观的结论。但是在地球上的生命奇迹，却打破了熵增的铁律。

一颗微小的种子可以长成参天大树，一颗受精卵可以发育成具有运动能力与思考能力的智慧人。这些奇迹的发生都离不开“负熵”的概念。地球在其所处的太阳恒星星系中是一个开放的系统，它不断接收来自太阳辐射的“负熵”能量，地球上的植物通过光合作用汲取了其中的一部分负熵，再通过食物链将“负熵”逐级传递；动物则通过自身的新陈代谢，不断消耗从下级食物链传递的“负熵”来维持或提升自身的有序状态。因此，薛定谔说：“生命以负熵为生！”

5.1.1 熵增理论

“熵”（Entropy）这一概念自提出起，物理学家们就对其充满好奇，在克劳修斯最早对热力学第二定律的描述中，他特别提到“对于生命以外的系统……”，因为生命可以从无序中建构有序，薛定谔因而称生命依赖“负熵”生存。在玻尔兹曼自杀后 42 年，香农发表了划时代的论文《通信的数学原理》，提出了“信息熵”这一概念，用以度量信息的不确定性，到今天，香农的遗产已在我们所生活的信息世界产生了深远的影响。熵亦被用于计算一个系统中的失序现象（也就是计算该系统混乱的程度）。熵是一个描述系统状态的函数，但是经常用熵的参考值和变化量进行分析比较，它在控制论、概率论、数论、天体物理、生命科学等领域都有重要应用，在不同的学科中也有引申出的更为具体的定义，是各领域十分重要的参量。

熵增主要指事物自发地由有序向无序发展的趋势、状态和过程，换句话说就是，事物向混乱发展的状态。因此，逆熵逐渐地变得有序了。自然界中，熵增极其普遍，但逆熵可算得上特例了。大自然有一种特性，即从大的方面看（从大的时间尺度和空间维度来看）总是趋向平衡，也就是《道德经》中很经典的名言“天之道，损有余而补不足”。

5.1.2 熵增的例外——生命体

生命（目前人类所定义的生命）这个过程就是逆熵的状态，但是在宇宙中“无生命”才是常态，生命实在太稀缺了。而换个角度看，人类所谓的生命其实是能量高级形态的表现，但是这个量却是比较小的；而宇宙中非生命的能量等级比较低，但是它的量是非常巨大的。从这个角度来看，宇宙中，生命与无生命的物质可能都是一回事，只是形态不同而已。也许，逆熵跟熵增是一回事，但是这却不影响人类通过巧妙地利用逆熵，最大效率地达到其目的以及最大程度地对外产生作用和影响。

人类不是一个封闭的系统，但人也符合熵增定律。人无论如何与外界交换，想保持自己低熵状态，也避免不了自己的熵越来越大，最后机体衰老、死亡、物化、变为尘土，这一现象无法逆转。“天之道，损有余而补不足。”在地球上的任何存在都遵守这个定律，在游戏《崩坏 3》中对逆熵有一段很有意思的描述：热力学第二定律中，一个系统的熵如果下降，就必然会引起另一个系统的熵以更大的幅度上升。从信息的角度来看，这相当于，信息高度混沌化的普通环境与信息高度秩序化的负熵环境之间，存在巨大的信息不对称。历史研究表明，崩坏能和这种信息不对称具有强烈的伴生关系。而在数学上，属于坍缩次元的虚数内能，作为发散次元，也就是我们平常能够感知到的四维时空热力表征的实数内能，在数学上是可以通过高维复函数进行统一表达的，其结果可以在微观尺度熵预测崩坏能的波动。可以说，人类文明越发达，就越有秩序，是一个熵减的过程，而崩坏就是想让人类和周围普通环境一样熵增，那么“逆熵”一词的含义就是让人类文明继续发展进步，进而使人类发展持续熵减。

因此，如果要构建保持逆熵的智能体，也称逆熵体，关键就是实现生命体的有机，也就是智能能力。人类大脑与现有信息系统最大的区别在于人类可以从繁杂的信息中筛选提炼出有用的知识，并通过训练来强化，在复杂情况下还能够根据不同的场景对多种知识进行综合运用，进行推理预测并给出正确的判断。这一过程与数字孪生“映射—认知—决策—控制”的过程一致，所以我们基于“数字孪生”构建生态体系的逆熵体。

5.2 数字孪生

5.2.1 数字孪生内涵

数字孪生是指在虚拟空间构建的可以表征物理实体特征、形成过程和行为的虚拟数字化表达，具有多物理性、多尺度性和概率性等特点。数字孪生在理想情况下包含了物理实体的所有信息，是物理实体在虚拟空间的镜像。通过对虚拟空间数字孪生的运行分析，可以监控、诊断、预测、控制物理实体在真实环境中的形成过程、运行状态和行为结果。

数字孪生跟传统的模型、软件最大的不同在于，它是自生长的动态模型。如果能够快速浏览一个数字孪生的全部寿命（这可能是几分钟，也可能是几十年），或许可以看到它进化的痕迹，就像一闪而过的人类进化史。如果说，跟随新产品相伴而生的孪生可以称为“原装数字孪生”，那么围绕着已经运转的既有设备，也可以直接构建出“流通数字孪生”，它将指向更加明确的目标。

数字孪生，它既呼应了物理产品的存在，同时也跟用户的使用息息相关。数字孪生改变了人们对一个产品工况的期待，一台机器、一辆汽车，无论如何个性化定制，当它离开工厂之后，就会呈现一种平均数的特点。你的机器形状、尺寸，有可能在世界上是唯一的，但它的平均能耗、常规应用场景都被锁定在一个区间范围。机器设计参数，都会被提前设定为平均工况。原因很简单，信息流在产品交付的一刹那，就被切断了回路，制造商无法知道机器运行的实时情况。而数字孪生，让个性化定制真正走向了应用定制化。实际上，个性化定用比个性化定制，更能体现用户专有价值的实现。

数字孪生是描述实体世界的一种模型，或者说是一种高级模型。因为它包含了数据、分析、专业知识和软件能力，有各种接口和应用。但由于它的仿真能力比模型有更多的针对性和能动性。在这一点上，它跟软件也有类似的地方。

这意味着数字孪生并不是真实世界的全部反应，它永远只是对物理世界的一个局部模仿、一个随动的模型、一个有缺陷的影子。它唯一努力的方向就是，向真实无限靠拢。这意味着，一个数字孪生的高保真度（High Fidelity）是一个关键命题。尽管这个独立体希望尽量接近真身的样子，但这是一个不可完成的使命。琳琅满目的数字孪生，就像苹果园里眼花缭乱的苹果，大大小小，都经历了丰收的季节。但在摘下之后，要根据其大小光润的不同，分为很多等级。品质优良的苹果可以卖出好价钱，品质差的苹果甚至都无法进入交易市场。数字孪生同样也是可以分好坏等级的。一个健康的数字孪生，会有更好的保真度；而一个糟糕的数字孪生，则会远远地偏离它的物理实体，它完全有可能给人们虚假的信息，这就是危险的数字孪生。可以说，在数字孪生的世界里，如果一个一个数过去，那一定是到处都充满了病恹恹的病夫——它们并不能满足人们对数字孪生所寄予的那些过于热情的期待。但是，这依然不影响它在赋能体系生命有机中发挥着不可替代的作用。

5.2.2 数字孪生的作用

人造工程体系的主要特性是可以借鉴复杂工程系统总结的九大特性，这些特性无不给认知整个工程体系带来苦难和代价，因为体系组成的主体多，每个微小的变化都会给体系带来涌现和不确定，如果完全靠物理实体构建的体系去认知引导体系，其代价和合理性都会大打折扣，所以，以前我们对体系的认知和引导更多的是处在定性的水平上。

CPS 的信息世界和物理世界之间的映射关系不是一对一的，而是一对多的对应关系。数字孪生的物理世界和赛博世界之间的映射关系却是一对一的对应关系，数字孪生体集成几何、结构、行为、规则和功能属性的虚拟模型对应特定的物理对象，数字孪生模型和物理实体具有相似的外观（就像孪生兄弟）和相同的行为（就像镜像），使用双向动态映射，物理实体和虚拟模型实现共同演化。因此，数字孪生体通过算法引擎实现当下或未来所关注实体的一个或多个视角的数字模型的表征和执行，分析处理来自所关注实体的各类感知数据，感知、诊断或预测所关注实体的状态，实现与所关注实体的同步，并产生优化所关注实体行为的控制信息，一起构成人造实体系统和模型体的虚实混合。

构建数字孪生体就像是构建一座宫殿。屋顶是系统工程的架构，地基是各种软件，建造者将各种行业知识加载其中。当数字孪生备受赞美的时候，更需要深度领会系统工程才是引领结构的根本，而工业软件则是必不可少的工具，了解并深入把握数字孪生本身的特质则是前提。

1. 双向

数字孪生是对真实物理产品、设备或过程的动态和持续更新的表示。数字孪生能够理解并预测产品、设备或过程，乃至能对物理产品实施控制、改变产品的状态让很多原来由于物理条件限制、必须依赖于真实的物理实体而无法完成的操作变得触手可及，从而实现对于产品、设备或过程的相关要素资源的优化，并进一步激发数字化创新。

2. 持续

数字孪生和物理产品之间的互动是不间断的，贯穿产品的全生命周期，在一定的程度上可以用来直接描述它对应实体对象的状态，确保我们对实体对象状态的可见。更重要的是帮助我们更深入地辨认发生的事件（如质量、故障），理解其原因，并能对未来可能发生的事件提供预测，从而降低企业进行产品创新、模式创新中的成本、时间及风险，并且持续地推动产品优化，改善客户体验，极大地驱动了企业创新行为。

3. 开放

通过数字孪生收集到的海量数据，单靠企业自身的力量来分析和挖掘其中的价值是不够的，企业需要将数据对第三方开放，借助外部合作伙伴的力量充分挖掘数字孪生的价值。

4. 互联

数字孪生的意义，还包括价值链上下游企业之间的数据集成以及价值链端到端的集成，其本质是全价值链的协作。产品数字孪生作为全价值链的数据中心，其目标是实现全价值链的协同，因此不仅是要实现上下游企业之间的数据集成和数据共享，也要实现上下游企业之间的产品协同开发、协同制造和协同运维等。

利用数字孪生，人们能更准确地认知复杂性，无论在空间上、时间上还是费用上，数字孪生都很好地把体系九大特性所带来的困扰降到了我们可以接受的程度。

5.3 构建逆熵体

数字孪生体既可以在物理实体之前（由人构建）先行诞生，预先做待开发产品的数字体验，也可以在该产品的物理实体退出市场甚至在自然规律作用下实体灭失之后，仍然持久地在赛博空间永续存在。因此，数字孪生体也可以称为数字社会/智能社会的“遗传基因”，在经过“感知、分析”之后，基于数字孪生构建的虚实混合体在软件定义下可以实现自主决策，直接操控了物理设备的运行结果，实现了状态感知、实时分析、自主决策、精准执行所形成的过程，但是只有在这一过程中设定彼此协调适应的规则，体系才能向有序的方向发展，所以在数字孪生体加载规则引擎，才能使工程体系具有智能体的生命力特征，才能表现出逆熵的行为，所以我们也可以把加载了规则引擎的数字孪生体称作逆熵体。

5.3.1 映射

我们已经知道，数字孪生是在虚拟空间构建的可以表征物理实体特征、形成过程和行为的虚拟数字化表达，在理想情况下包含了物理实体的所有信息，是物理实体在虚拟空间的镜像，通过对虚拟空间数字孪生的运行分析，而无须建立物理实体，就可以监控、诊断、预测、控制物理实体在真实环境中的形成过程、状态和行为。随着对世界理解的深入和模拟物理世界能力的加强，数字孪生表征物理实体的能力越来越强，但在一些关键环节尚无法完全取代物理实体。

根据产品全生命周期管理理论，物理实体随着所处的产品阶段动态变化，因为数字孪生是物理实体在虚拟空间的镜像，所以数字孪生也随之动态变化。描述物理空间的物理实体和虚拟空间的数字孪生关系的镜像关系模型一般包含以下四个步骤：基于物理实体的机理和数据科学知识，在虚拟空间构建它的数字孪生；将通过控制单元、传感器等采集的物理实体运行状态数据和运行维护历史数据等动态同步到数字孪生，对其进行迭代优化；在虚拟空间里构建体现真实环境的虚拟环境，对优化后的数字孪生在虚拟环境里模拟，模拟物理实体在真实环境里的行为状况；对模拟的结果进行分析，生成有价值的信息，反馈给物理实体，改进优化物理实体的设计、制造和运行维护等。

广义上来讲，由物理实体的数字孪生和反映真实运行环境的虚拟环境组成的虚拟空间，也是其对应物理空间的数字孪生。

数字孪生需要将物理空间所有数据和信息进行数字化表达，形成统一的数据载体，并实现数据挖掘分析和决策。这些数据涉及空间模型、互联网信息、物联网实时感知、专业知识、音频、视频、文本等，如何将这些多源异构多模数据集成、融合和统一管理，是数字孪生首要解决的问题之一。

结合当前产品数字孪生体的发展现状，未来产品数字孪生体将向拟实化、全生命周期化和集成化三个方向发展。

（1）拟实化——多物理建模产品数字孪生体是物理产品在虚拟空间的真实反映，产品数字孪生体在工业领域应用的成功程度取决于产品数字孪生体的逼真程度，即拟实化程度。产品的每个物理特性都有其特定的模型，包括计算流体动力学模型、结构动力学模型、热力学模型、应力分析模型、疲劳损伤模型以及材料状态演化模型（如材料的刚度、强度、疲劳强度演化）等。如何将这些基于不同物理属性的模型关联在一起，是建立产品数字孪生体，继而充分发挥产品数字孪生体模拟、诊断、预测和控制作用的关键。基于多物理集成模型的模拟结果能够更加精确地反映镜像物理产品在现实环境中的真实状态和行为，能够在虚拟环境中检测物理产品的功能和性能并最终使替代物理样机成为可能，同时还能够解决基于传统方法（每个物理特性所对应的模型都是单独分析的，没有耦合在一起）预测产品健康状况和剩余寿命所存在的时序和几何尺度等问题。目前，美国空军研究实验室正试图构建一个集成了不同物理属性的机体数字孪生体，从而实现对机体寿命的精准预测。多物理建模将是提高产品数字孪生体拟实化程度、充分发挥数字孪生体作用的重要技术手段。

（2）全生命周期化——从产品设计和服务阶段向产品制造阶段延伸。现阶段，有关产品数字孪生体的研究主要侧重于产品设计或售后服务阶段，较少涉及产品制造阶段。例如，NASA 和美国空军研究实验室通过构建产品数字孪生体，在产品使用/服役过程中实现对潜在质量问题的准确预测，在产品出现质量问题时实现精准定位和快速追溯。可以预见，产品数字孪生体在产品制造阶段的研究与应用将会是未来的一个热点。

运用基于物联网、工业互联网、移动互联等新一代信息与通信技术，实时采集和处理生产现场产生的过程数据（仪器设备运行数据、生产物流数据、生产进度数据、生产人员数据等），并将这些过程数据与产品数字孪生体和生产线数字孪生体进行关联映射和匹配，能够在线实现对产品制造过程的精细化管控（包括生产执行进度管控、产品技术状态管控、生产现场物流管控以及产品质量管控等）；同时结合智能云平台以及动态贝叶斯、神经网络等数据挖掘和机器学习算法，实现对生产线、制造单元、生产进度、物流、质量的实时动态优化与调整。

（3）集成化——与其他技术融合成数字纽带技术作为产品数字孪生体的使能技术，用于实现产品数字孪生体全生命周期各阶段模型和关键数据的双向交互，是实现单一产品数据源和产品全生命周期各阶段高效协同的基础。美国国防部将数字纽带技术作为数字制造最重要的基础技术，工业互联网联盟也将数字纽带作为其需要着重解决的关键性技术。当前，产品设计、工艺设计、制造、检验、使用等各个环节之间仍然存在断点，并未完全实现数字量的连续流动；MBD（Model Based Definition）数字化协同设计制造技术的出现虽然加强和规范了基于产品三维模型的制造信息描述，但仍主要停留在产品设计阶段和工艺设计阶段，需要向产品制造/装配、检验、使用等阶段延伸；而且现阶段的数字量流动是单向的，需要数字纽带技术实现双向流动。因此，融合数字纽带和数字孪生体是未来的发展趋势。

5.3.2 认知

类脑智能是以计算建模为手段，受脑神经和人类认知行为机制启发，并通过软硬件协同实现的机器智能。类脑智能系统在信息处理机制上类脑，在认知行为和智能水平上类人，目标是使机器实现人类具有的多种认知能力及其协同机制，最终达到或超越人类智能水平。

受脑科学研究的启发，人工智能模型与系统的智能水平不断进步。然而，要真正实现逼近乃至超越人类智能水平的人工智能，还需对脑信息处理机制进行更深入的研究和借鉴。类脑智能研究的目标就是通过借鉴脑神经结构及信息处理机制，实现机制类脑、行为类人的下一代人工智能系统。

类脑智能的优势在于：它是一种面向人工神经网络的低功耗、弱监督等学习需求，将生物机制与数学原理进行融合的新型网络模型和学习方法。受大脑多尺度信息处理机制启发而研发出来的计算模型及软硬件，使机器实现人类具有的多种认知能力并高度协同，逐渐逼近具有学习和进化能力的通用智能。类脑智能将成为弱人工智能通往强人工智能的途径。目前，类脑智能取得的进展只是对脑工作原理初步的借鉴，未来的机器智能研究需要与脑神经科学、认知科学、心理学深度交叉融合，结合“硬技术”和“软设计”（算法）的突破，逐渐达成类脑智能这一人工智能的终极目标。

因此，在传统的工业设计、制造和服务领域，要现实类脑的认知应用还有一段不小的距离，而可以传承的经验认知是我们当前关注的重点。但是经验往往是一种模糊且很难把握的形态，很难将其作为精准判决的依据。数字孪生的一大关键进步是，可以通过数字化的手段，将原先无法保存的专家经验进行数字化，并提供了保存、复制、修改和转移的能力。例如，针对大型设备运行过程中出现的各种故障特征，可以将传感器的历史数据通过机器学习训练出针对不同故障现象的数字化特征模型，并结合专家处理的记录，将其形成未来对设备故障状态进行精准判决的依据，并可针对不同的新形态的故障进行特征库的丰富和更新，最终形成自治化的智能诊断和判决。

知识图谱本质上也是经验积累上的结构化的语义知识库，为智能系统提供从“关系”角度分析问题的能力。以符号形式描述物理世界中的概念及其相互关系，其基本组成单位是“实体—关系—实体”三元组，以及实体及其相关属性的一一对应。不同实体之间通过关系相互联结，构成网状的知识结构。

企业将其在产品全生命周期中和各种过程中所需要的数据、信息和知识进行整理，结合信息系统，建立便于系统集成和应用的产品模型和过程模型，通过模型进行多学科、跨部门、跨企业的产品协同设计、制造和管理，通过模型支持技术创新、大批量定制和绿色制造。基于模型，整个企业表现出高度的智慧、快速的反应能力、优良的人机友好性和知识共享性。

智能认知和分析给数据资产带来灵魂和生命，这是数字孪生云服务的高阶价值。数字孪生云服务可以通过一系列分析帮助用户进行高效、可靠的分析和预警，并提供方案设计、模拟、可视化运维、资产可靠性管理、决策支持等系列创新服务，其中比较前沿的应用包括：工程造价与方案遴选、人流分析与通路选择、安全分析与运营维护。数字孪生云服务不断增强分析模拟能力，对于场景和末梢的感知能力将带来强大的正能量。数字孪生云服务与客户需求和技术发展同频，也和社会发展同频。

我们已经进入数据新时代。新数据随着新技术的产生而产生，正如有了无人机，倾斜摄影出现了；有了三维激光扫描仪，激光点云出现了。新技术层出不穷，数据格式越来越多，数据应用的工作量也越来越大。5G 商用、物联网不断升级、机器学习正在加强放眼看未来的能力。在数据世界中创建和运维物理世界的基础设施，是一个长远目标，也是必须从现在做起的事情。虽然数字孪生技术还刚到"青年期"，未必成熟、尽善尽美，但它一直保持着对新技术的洞察，让新技术为其所用，进化着认知，推动着行业的正向发展。

5.3.3 基于预测的决策

由于当今社会竞争日益激烈，因此企业需要不断地向产品中加入更好的功能，并以更快的速度向市场推出更多的产品，这意味着制造系统需要持续扩展和更新，但静态的二维布局图缺乏智能关联性，修改起来又会耗费大量时间，制造人员难以获得有关生产环境的最新信息，因而难以制定明确的决策并及时采取行动。

数字孪生模型的重要意义在于实现了现实世界的物理系统与虚拟空间数字化系统之间的交互与反馈，从而达到在产品的全生命周期内物理世界和虚拟世界之间的协调统一，再通过基于数字孪生模型而进行的模拟、分析、决策、数据收集、存储、挖掘以及人工智能的应用，确保它与物理系统的适用性。智能系统的智能首先是指能感知、建模，然后才是分析推理与预测。只有具有数字孪生模型对现实生产系统的准确模型化描述，工程系统才能在此基础上进一步落实，这就是数字孪生模型对工程体系的意义所在。

现有的产品生命周期管理，很少能够实现精准的预测，因此往往无法对隐藏在表象下的问题提前进行预判。

数字孪生可以结合物联网的数据采集、大数据的处理和人工智能的建模分析，实现对当前状态的评估，对过去发生问题的诊断，以及对未来趋势的预测，并给出分析的结果，模拟各种可能性，提供更全面的决策支持，从而实现基于预测的决策。

5.3.4　控制的闭环

数字孪生从产品设计到生产、服务，将自动化技术、产业控制技术和工业软件无与伦比地结合在一起，运用先进的全集成的软硬件解决方案，在数字孪生体基于预测的决策后，实现产品在生产生命周期的实际操作与实体控制。在物理实体方面，现在可以收集更多关于物理产品特征的信息，可以从自动质量控制工位获取所有类型的物理测量数据，比如三坐标测量仪，也可以从对物理零部件实际操作的机器上收集数据，以便更加精确地理解各个操作流程。这样，就会有更多的信息映射到数字孪生虚体上，并产生更多的认知，新的基于预测的决策也变得更加合理，最终作用到实体的控制也会更加适应。

这种从映射到认知，再到预测的决策，最终到控制并产生新的反馈信息，形成了完整的闭环，即规则引擎运行的过程。在这不断循环的迭代中，认知在提升、规则在适应、智能在发展、体系在一种稳态和新的稳态间不断进化，这就是基于数字孪生的逆熵体作用。

5.4　逆熵体的群体智能

在自然界中，生态的进化是指种群内基因频率的改变，这限定了进化必须是在群体层面上发生的现象。也就是说，尽管基因的改变是进化的分子基础，但是改变的存续是以种群作为载体的。在生态工程体系中也是如此，逆熵体个体的进化是缓慢的，一两次隐秩序的偶然作用只是开始，逆熵体也需要代际的遗传和群体的智能才能更有效地促进生态的演化。

5.4.1　遗传算法

遗传算法（Genetic Algorithm，GA）来源于对生物系统所进行的计算机模拟研究。它是模仿自然界生物进化机制发展起来的随机全局搜索和优化方法，借鉴了达尔文的进化论和孟德尔的遗传学说。其本质是一种高效、并行、全局搜索的方法，能在搜索过程中自动获取和积累有关搜索空间的知识，并自适应地控制搜索过程以求得最佳解[8]。

遗传算法的起源可追溯到 20 世纪 60 年代初期。1967 年，美国密歇根大学约翰·霍兰教授的学生 Bagley 在他的博士论文中首次提出了“遗传算法”这一术语，并讨论了遗传算法在博弈中的应用，但早期研究缺乏带有指导性的理论和计算工具的开拓。1975 年，霍兰等提出了对遗传算法理论研究极为重要的模式理论，出版了专著《自然系统和人工系统的适配》。霍兰在书中系统阐述了遗传算法的基本理论和方法，推动了遗传算法的发展。20 世纪 80 年代以后，遗传算法进入兴盛发展时期，被广泛应用于自动控制、生产计划、图像处理、机器人等研究领域。

在生态工程体系中，遗传算法可以和适应性规则相结合，用来训练基于数字孪生的逆熵体的适应性能力。因为数字孪生在 CPS 技术框架下可以进行自学习和自重构，所以也可以像生物遗传一样进行繁衍，CPS 的价值就在于它是一个可以自我成长的智能体系，它会随着使用的不断积累而增强，而这正是生态体系适应性的内在驱动力。基于 CPS 构建的生态体系，可以通过自感知、自记忆达到自认知，并通过自决策实现体系的自重构，遗传算法使数字孪生体实现代际的进化，逆熵体的智能可以不断进化，工程体系由静态调整到动态的生态体系的维度，从而进一步增强生态体系的适应性。

5.4.2 集群智能

集群智能源于对自然界中存在的集群行为，后来与冶金、商业、社会学、管理学和计算机科学等都存在着关系，应用范围较广。互联网上的交流，不过是更多的神经元（人脑）通过互联网相互作用的结果，光缆和路由器不过是轴突和突触的延伸。从自组织现象的角度上看，人脑的智能和蚁群也没有本质上的区别，单个神经元没有智能可言，单个蚂蚁也没有，但是通过连接形成的体系，就是一个智能体。集群智能主要表现为[6]：

（1）邻近原则（Proximity Principle），集群能够进行简单的空间和时间计算。

（2）品质原则（Quality Principle），集群能够响应环境中的品质因子。

（3）多样性反应原则（Principle of Diverse Response），集群的行动范围不应该太窄。

（4）稳定性原则（Stability Principle），集群不应在每次环境变化时都改变自身的行为。

（5）适应性原则（Adaptability Principle），在所需代价不太大的情况下，集群能够在适当的时候改变自身的行为。这些原则说明实现群体智能的智能主体必须能够在环境中表现出自主性、反应性、学习性和自适应性等智能特性。

目前，集群智能主要有两种算法模式，分别是蚁群算法（Ant Colony System，ACS）和粒子群优化算法（Particle Swarm Optimization，PSO）。

借鉴生物集群的智能特性和数字孪生的技术使能，数字孪生群体智能应该具有如下特征：

（1）控制是分布式的，不存在中心控制。因而它更能够适应当前网络环境下的工作状态，并且具有较强的鲁棒性，即不会由于某一个或几个个体出现故障而影响集群对整个问题的求解。

（2）集群中的每个个体都能够改变环境，这是个体之间间接通信的一种方式，这种方式被称为激发工作。由于集群智能可以通过非直接通信的方法进行信息的传输与合作，因而随着个体数目的增加，通信开销的增幅降低，因此，它具有较好的可扩充性。

（3）集群中每个个体的能力或遵循的行为规则都非常简单，因而集群智能的实现比较方便，具有简单性的特点。

（4）集群表现出来的复杂行为是通过简单个体的交互过程突现出来的智能（Emergent Intelligence），因此，集群具有自组织性的特点。

集群智能可以在适当的进化机制引导下，通过个体之间的交互，以某种突现形式发挥作用，这是个体以及可能的个体智能难以做到的。

5.4.3　演化博弈论

决策，作为人类智慧的结晶和思维活动，是多层次、多性质、多样式的，是人生经验的浓缩，是人类智慧的闪光点。通过数字孪生构建的具有智慧的逆熵体，在技术成熟之后，也会有自己的决策能力，而真正的智能体决策会受到时间、环境和其他智能体决策等因素的影响，并不会有严格一致的结果，是具有随机性的，借用经济学的术语，是不完全理性的。与传统博弈理论不同，演化博弈理论并不要求参与人是完全理性的，也不要求完全信息的条件。“有限理性”这一概念最早是由西蒙在研究决策问题时提出的，它是指人的行为只能是“意欲合理，但只能有限达到”。

一般的演化博弈理论具有如下特征：它的研究对象是随着时间变化的某一群体，理论探索的目的是理解群体演化的动态过程，并解释说明为何群体将达到目前的这一状态以及如何达到。影响群体变化的因素既具有一定的随机性和扰动现象（突变），又有通过演化过程中的选择机制而呈现出来的规律性。大部分演化博弈理论的预测或解释能力在于群体的选择过程。通常，群体的选择过程具有一定的惯性，同时这个过程也潜伏着突变的动力，从而不断地产生新变种或新特征。

一般的演化博弈模型的建立主要基于两个方面：选择（Selection）和突变（Mutation）。选择是指能够获得较高支付的策略在以后将被更多的参与者采用；突变是指部分个体以随机的方式选择不同于群体的策略（可能是能够获得高支付的策略，也可能是获得较低支付的策略）。突变其实也是一种选择，但只有好的策略才能生存下来。突变是一种不断试错的过程，也是一种学习与模仿的过程，这个过程是适应性的，且是不断改进的。因此，在演化博弈论的模型中，逆熵体的群体智能效应既需要逆熵体提供个体“突变”，也需要群体内个体之间的互动规则提供“选择”。

演化博弈模型有如下几个特征：第一，以参与的群体为研究对象，分析其动态的演化过程，解释群体为何达到以及如何达到目前的这一状态；第二，群体的演化既有选择过程也有突变过程；第三，经群体选择的行为具有一定的惯性。这对于我们开展生态工程体系研究很有帮助。

演化博弈论摒弃了完全理性的假设，以达尔文生物进化论和拉马克的遗传基因理论为思想基础，从系统论出发，把群体行为的调整过程看作一个动态系统，在其中每个个体的行为及其与群体之间的关系都得到了单独的刻画，可以把从个体行为到群体行为的形成机制以及其中涉及的各种因素都纳入演化博弈模型中去，构成一个具备微观基础的宏观模型，因此能够更真实地反映行为主体的多样性和复杂性，并且可以为宏观调控群体行为提供理论依据。

在演化博弈论中，时间占有非常重要的地位。行为主体在演化过程中不断修正和改进自己的行为，模仿成功的策略等，都需要一个相对较长的时间。演化博弈论认为，时间是不可逆的，过去时间的状态与未来时间的状态是不对称的，因而，行为主体状态的演化跟初始的时间状态息息相关。

面向控制需求的映射，不是为了映射而映射，不是仿真和学术研究，是为了解决切实问题；基于映射的认知是抽象和提炼，这是学习的过程。决策就是判断，类脑智能分析的目的就是解决什么是知识这一问题。人类对知识的区分经历了数据—概念—结论这一过程。智能系统的智能首先是指能感知、建模，然后才是分析推理与预测，而群体智能和演化博弈又为智能演进提供新的动力。

5.5　逆熵体的运行

构建逆熵体，就是使人造生态体系具备生命力，也就是具备生命负熵的特性，并在适应性规则的引导下，让规则引擎按照映射、认知、预测的决策和控制的闭环过程驱动发展。因此，构建逆熵体的核心就是要通过映射实现虚实一体，通过认知进行提炼和学习，进而开展预测的决策，最终实现“刺激-反馈”的闭环控制。这种映射、认知、预测的决策和控制的闭环在 CPS 构建的虚界和实界的混合体中运行，隐秩序在映射中被认知成显规则，显规则在决策中驱动实体控制又去创建新的内在秩序，至此，无机体开始具备生命力，有机生命体能够靠逆熵体实施繁衍，智能集群也依稀在涌现博弈中开始不断进化。

只有具有数字孪生模型对物理系统的映射、认知和预测，才能实现行动的决策和控制的闭环，规则引擎才能驱动规则发挥作用。无论是单体还是群体的复杂体才能在此基础上拥有生命力，成为智能体，也就是我们所说的基于数字孪生构建的逆熵体。

通用的逆熵体就是加载了规则引擎的体系，具体的逆熵体就是联系了实际行业的应用，比如航空指挥保障逆熵体、智能船逆熵体、智慧海洋工程逆熵体、航空应急救援体系逆熵体等。

在已经到来的智能时代，我们依据数字孪生构建的逆熵体是生态工程体系的智能体，依据 V++三层规则模型和规则引擎可以通过数字孪生使人造工程体系成为逆熵体，从而实现虚界与实界的握手、过去和未来的对话，通过“虚界一天，实界一年”的技术手段，可以用“上帝之眼”看未来，用“上帝之手”控全局，赋予无机体系以有机灵魂。借喻薛定谔说的那句“生命以负熵为生”，我们可以说工程体系以加载了规则引擎而生成的逆熵体而生态演进！

第 6 章

工业生态的演进与船舶生态体系的实践探索

6.1 工业生态

6.1.1 对“工业”一词的再认识

什么是工业？作为这一词语的标准描述，工业是对自然资源的开采、采集和对各种原材料进行加工的社会物质生产部门。

工业的历史实际上并不算长，大家熟知的第一次工业革命出现在 18 世纪的英国，使原来以手工技术为基础的工厂手工业逐步转变为机器工业，工业才最终从农业中分离出来成为一个独立的物质生产部门。从 19 世纪末到 20 世纪初，随着科学技术的进步，进入现代工业的发展阶段。时至今日，越来越多的新兴技术和新兴工业的蓬勃兴起，正在改变着工业生产的基本面貌（见图 6.1）。

作为第二产业的组成部分，工业是一个比我们想象的更为全面、广阔，并且影响生活的一个领域，重要意义在于：

1. 工业是连接第一、三产业的核心纽带，是国民经济的命脉

对于工业而言，从始端，包括了钢铁、煤炭等工业原材料，到末端，是各类消费工业品，如汽车、飞机、船舶等大型工业消费品，现代社会中能接触的领域基本都在这个大工业体系之中，同时，工业又受第一产业和第三产业这上下两层的影响，也影响着上下两层，所以，工业作为国民经济的命脉，也是连接第一、三产业的核心纽带。如今，各国都在倡导的工业数字化转型、

智能制造等工业战略，也旨在激发第二产业的活力，并能够持续推动第一、三产业的发展（见图 6.2）。

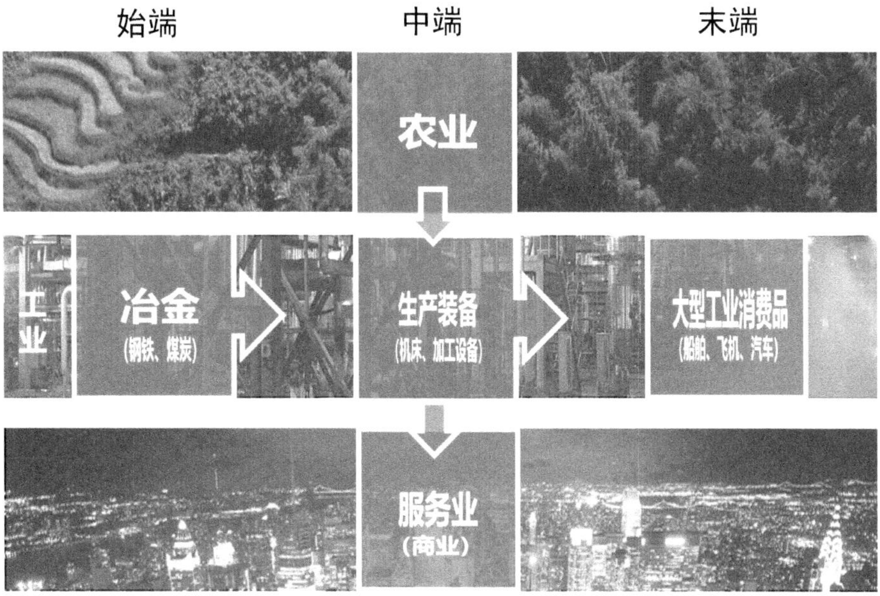

图 6.1　工业的概貌

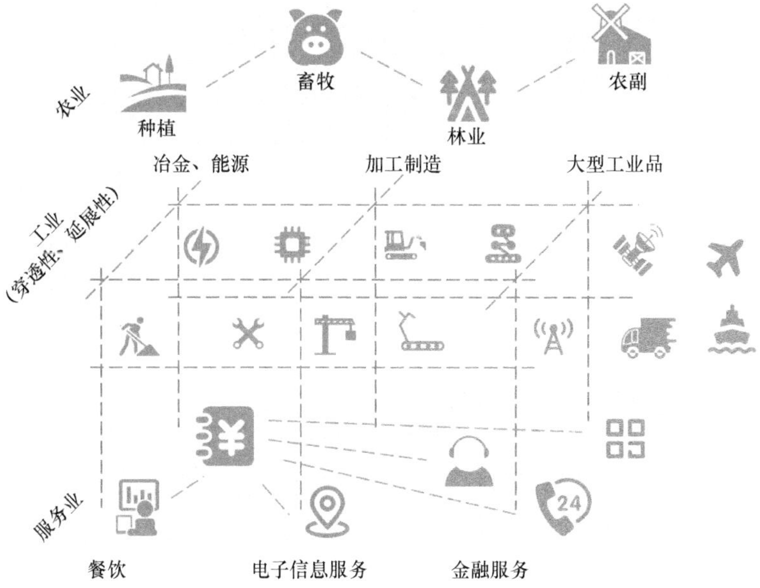

图 6.2　工业与第一、三产业之间的纽带关系示意

2. 工业本质上是制造、使用工业品并产生价值的过程，工业活动以管控为核心

制造工业品、使用工业品、制造和使用工业品带来价值，是工业的重要本质，因此，工业再怎么复杂，均需要围绕着制造、使用和创造价值来落地。在这些使用与制造环节中，活动的核心特点在于管控，而服务业的核心特点在于便利，这也确定了工业与服务业的本质区别；而在创造价值环节中，根据工业需要解决的问题与产生的价值，应该分为微观与宏观两个层面，且追寻的是一样的目标，即：第一是效率，是单位时间的产出能力，例如在微观层面如何提升某环节每小时的工作量，在宏观层面如何提升某生产线的整体产量；第二是效能，是单位活动创造价值的能力，例如在微观层面上的流程如何更加简洁、部门衔接如何更加顺畅，在宏观层面上供应链衔接如何更加顺畅；第三是成本，是单位时间与活动的成本控制能力，例如在微观层面上如何提升工作质量、减少浪费，在宏观层面上的资源如何最优配置，等等（见图 6.3）。

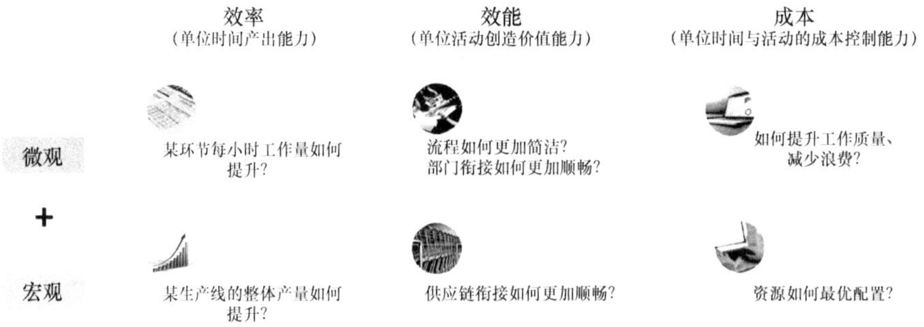

图 6.3　工业需要解决的问题

3. 工业发展的基本规律在于，行业带动产业、产业带动配套、技术驱动工业

谈到工业，往往会涉及行业、产业、配套、技术，很难孤立地去看工业的发展规律。工业的每一次进步都在于，在技术上以创新突破作为底层支持、驱动工业变革，在配套上提高产业配套能力、夯实产业发展后劲，在产业上产业链核心企业盘活产业链上下游资源，在行业上通过行业应用带动产业链上下游快速发展。因此，往往是一个行业带动一个产业的发展，产业促进了一个配套，而技术是驱动行业、产业与配套的（见图 6.4）。

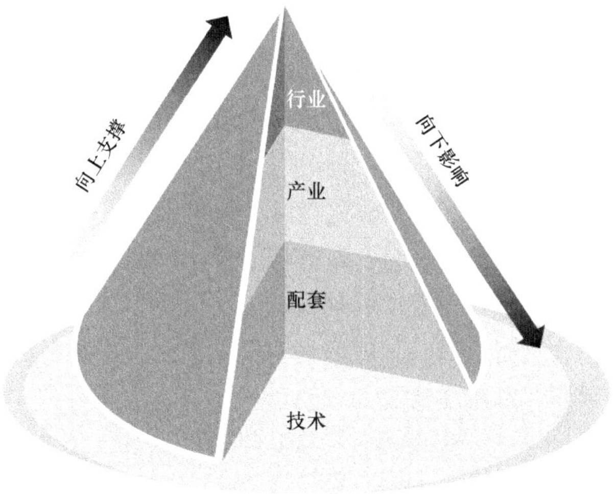

图 6.4　工业体系中行业、产业、配套、技术的关系

随着工业品越来越复杂，应用的范围越来越广泛，分工协作的客观发展，也促进了人类社会的高速发展，所以工业是人类进步的最重要的标志。对于工业生态的发展而言，实际上，行业、产业、配套、技术的视角各有不同，具有不同程度的差异性，往往对于越复杂的工业装备、越复杂的应用场景，这个问题就越突出，导致对于工业生态的构建与发展规律的认识，需要在多视角下进行分析，从体系工程角度来找到行业、产业、配套与技术的平衡点。

6.1.2　工业生态的内涵认识

那么，什么是工业生态？从理论学派来说，工业生态是一门专门的学科，即工业生态学（Industrial Ecology），又称产业生态学，是一门研究人类工业系统和自然环境之间的相互作用、相互关系的学科，是研究社会生产活动中自然资源从源、流到汇的全代谢过程、组织管理体制以及生产、消费、调控行为的动力学机制、控制论方法及其与生命支持系统相互关系的系统科学。其倡导的是，工业系统也像自然生态系统那样需要在供应者、生产者、销售者和用户以及废物回收或处理之间有密切的联系，工业生态方法寻求的目标是按自然生态系统的方式来构造工业基础的。工业生态的学科基础板块包括社会物质代谢、工业共生、基础设施、城市与经济区域，以及发展的多样性、复杂性和可持续性等。

笔者在工程实践中有了更广义的理解，工业生态，既包括工业发展而产生的分工协作、彼此依存的各个部分，也包括工业发展对于人类社会、自然环境彼此依存的部分。两部分中看似毫不关联的事件，往往会产生重大的影响，即隐藏着我们不能直接看到的一些秩序和规则。例如，海啸对福岛核电站的破坏，进而核电事故对于自然的破坏；海事集装箱化对于社会发展巨大的进步，而世界物流却仅仅因为一条船在苏伊士运河的搁浅而受阻，却需要一个小小挖掘机的拯救。工业发展越发达，对世界影响越深入，其生态并没有表现出强健性，反而暴露出其脆弱性。研究工业生态体系的演进，发掘影响其健康的隐秩序，其现实意义是不言而喻的。

工业生态到目前的发展可以划分为以下几个阶段：满足（手工业），效率（分工），精益（降本），优化（增效）。每一次变化都实现了工业巨大的发展和对人类社会巨大的赋能。但是，随着分工、精益、优化越来越深入，彼此的依存度也越来越高，体系化特征也越来越明显，破坏体系的粒度变得越来越小，反馈的时间也越来越短，影响却越来越大，体系由于分工协作带来的效能增强越来越显著的同时，忽视体系整体能力的局部寻优过程对于体系破坏与干扰的后果也越来越严重。

因此，综合而言，工业生态亦包括显性和隐形两个部分，显性是工业自身的属性——产业链、生态链。受到的影响是对技术、资源和产能等的制约，是可预测、可控制的。当年的全球化，本质就是工业资源的最优配置的过程，作为人类视角是成功的。然而，工业是一个国家、民族的生存之本，所以更有社会属性，受到自然、社会、政治、种族、文化、经济等的影响，也就是宏观层面的隐性秩序。这就带来工业生态的不稳定性，而为了解决这种不稳定性，需要前文所述基于 CPS 的隐秩序挖掘和基于数字孪生的工业生态的逆熵体的设计，乃至去重新定义工业生态的内涵，更清晰地赋能工业体系以有机生命力。

6.1.3 工业生态的有机生命力特点

研究工业生态的有机生命力，需要引入“人工生命”这一概念，其实际上是一种使用工程技术实现类比于有机生命体的行为特征理论，所谓人工生命，简略地说就是其行为具有我们通常所认为的基本生命特征的某种系统。1987 年 9 月，在美国罗莎拉莫斯的人工生命研讨会上，美国的 Langton 从当时流行的生命游戏中悟到了一大类具有生命特征的系统存在性，初步给出了这种系统的描述并命名为“人工生命”，即“研究那些具有自然生命现象的人造系统”。这些“人工生命”的特征一般包括：自繁衍（Self-reproduction）、自适应（Self-adaption）以及自组织（Self-organization）等。

1．自繁衍

20 世纪 40 年代末，刚设计完数字计算机的冯•诺伊曼开始思考：一台计算机是否能通过编程来复制自己？他认为，任何自繁衍的基因材料，无论是人工的，还是自然的，都必须具有两个不同的基本功能：一方面，它起到计算机程序的作用，是一种在繁衍下一代的过程中能够运行的算法；另一方面，它必须起到被动数据的作用，是一个能够复制和传给下一代的描述。冯 • 诺伊曼因此建立了既能反映自我繁衍的本质又能简洁到可进行数学分析的元胞自动机（Cell Automation）模型。元胞自动机是一种时间、空间、状态都离散，空间相互作用和时间因果关系为局部的网格动力学模型，具有模拟复杂系统时空演化过程的能力。元胞自动机将计算机建模作为研究手段，用于研究复杂系统中的秩序、非对称、混沌、分形等系统特性，是一种使用工程工具进行系统科学研究的典型案例。

2．自适应

自适应的典型技术是遗传算法。遗传算法是模拟自然界生物进化过程与机制求解优化问题的一类自组织、自适应的随机搜索算法。它借鉴达尔文“优胜劣汰、适者生存”的自然进化理论和孟德尔的遗传变异理论，将问题的求解表示成“染色体”的适者生存过程，通过对“染色体”群一代代的不断进化，包括选择、交叉和变异等操作，从而使群体最终搜索到“最适应环境”的个体，即求得问题的最优解或满意解。遗传算法在问题求解上具有很大的优势，但还存在一些不足：第一，适应性度量函数是预先定义好的，而真正的适应性应该是局部的，是个体在与环境做斗争时自然形成的并且随着环境变化而变化的。遗传算法或遗传程序中的选择机制，充其量来说，只是一个人工选择，而非自然选择。第二，遗传算法或遗传程序只考虑到生物之间的竞争，而没有考虑到生物之间协作的可能性。真实情况是竞争与协作并存。这也就是所谓的协同演化。生物学证据表明协同演化能大大加快生物进化的历程。第三，遗传程序能比遗传算法在更大的空间中进行搜索，人工生命的研究者企图在最广泛的意义上回答进化的问题，并使之得到更加深入的研究。

3. 自组织

所谓生命的自组织，是指具有相互作用的诸多子单元所形成的系统涌现出单个子单元所没有的大范围性质。

Craig Reynold 的 boid 系统是用计算机程序实现相同个体自组织的一个良好范例。所谓 boid，是一种类似鸟类的计算机生物。在启动这个系统时，将 boid 及障碍物随意散布在计算机屏幕各处，慢慢地，它们会自发地聚集成群，以一种流体性的形式环绕障碍物飞行。近年来出现的无人机蜂群作战正是利用了无人系统的自组织能力。

笔者在《从降维解析到映射升维——复杂工程系统原理探索》一书中，初步描述了复杂工程系统有机生命力的理论体系，即围绕自组织理论推导出复杂体系的有机特征。

自然界“自组织”的有机体系能够对外界刺激做出恰当的反应，维持自身的平衡与稳定，遭破坏后能够自我恢复到另一种稳定的状态，长期变化的累积能够实现体系的进化。这些属性对于“他组织”的工程技术体系来说，都是渴望得到的良好属性。通过对“自组织”有机体系的有机特性进行系统性分析，得出有机体系的特征集如下。

（1）生存性：在设定条件下，能够维持自身的正常运转。

（2）感知性：能够感知外界的状态和自身的状态，对自身状态的感知又称为自省性。

（3）自适应性：对外界异常的干扰能够采取适应性的手段来维持自身的平衡和稳定。

（4）自恢复性：在外界干扰打破现有平衡后，能够重新组织以达到新的平衡与稳定。

（5）自学习性：将运行过程中有利的决策/运行模式累积下来形成知识，用于指导后续运行。

（6）自优化性：自我调节运行参数，并评估输出结果，以实现控制的优化。

（7）进化性：长期累积有利量变后，体系通过质变进入新的稳态。

对比“自组织”有机体系的有机特征，通过使用一定的控制机制、技术框架与技术手段，使工程技术体系导向涌现（Directed Emergency）出有机特性来，形成一种有机的工程技术体系，该体系的有机特性具有如下技术特点。

（1）体系生存性：通过成员系统的可靠性设计和保障性设计，提高体系在设定条件下的生存能力。

（2）体系感知性：通过传感器技术与物联网技术，采集外界环境信息、输入信息、内部状态信息和输出信息。实现对外界环境的感知、输入输出的感知和自身运行状态的感知。

（3）体系自省性：体系的自省性是感知性的更高层次。通过建立的状态模型和健康预测模型，将感知到的原始数据转化成为评估的状态量与预测结论，并通过大数据分析技术，分析出体系衰退过程中尚未达到显性故障的体系的“不可见问题”状态，并及时采取措施。

（4）体系自适应性/自恢复性：对于工程技术体系来说，自适应性是对设定条件内的外部改变做出恰当的应对，自恢复性是对设定条件外的外部改变或内部故障做出恰当的应对，以维持体系的平衡与稳定，因此重点在自恢复性上。体系的自恢复性是通过对体系的功能或结构的动态调整来实现的。

（5）体系自学习性/自优化性：体系的自优化过程包含了自学习过程。通过大数据分析与人工智能算法，自动获取体系运行参数之间的相关性规律，将数据转化为领域知识，实现自学习过程，并将其用于调整控制参数，优化后续运行。

（6）体系选择进化性：体系通过赛博附能结构中的赛博空间虚拟体系的仿真运行，揭示体系的隐秩序规律和效能瓶颈，为物理空间体系的演进选择进化改进的方向。

在当前的技术条件下，将工程体系完整改造成为生命有机体系的过程是一个循序渐进的过程，我们按照先易后难的策略，将体系生命力分为四个层次，分别是生存力、恢复力、学习力与进化力，每个层次都有对应的有机特性属性。体系生命力层次模型图如图 6.5 所示，该模型也为组织改造工程体系提供了不断提升的路线图。

生存力是指体系的成员系统通过传统的可靠性、维修性和保障性设计来提高自身的可靠性和保障性水平，从而提高体系在设定条件下的生存能力。恢复力是指体系在受到外界干扰或内部部分故障时，通过自感和自省能力，实时获取体系内外部状态，包括故障状态，并执行设计的动态调整策略来应对不利因素，恢复体系完成使命任务的能力，表现出自恢复性。学习力是指信息空间虚拟体系在大数据分析与人工智能技术的支持下，揭示体系隐性秩序和运行规律，形成知识，并转化为显性规则，用于后续体系的优化控制。进化力是指通过虚实映射模型的仿真运行及规则引擎的作用，揭示体系的效能瓶颈，为体系的进化提供选择的方向。

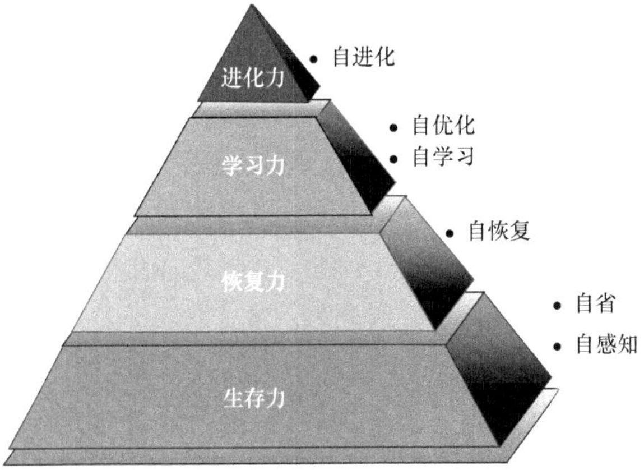

图 6.5　体系生命力层次模型图

综上，我们把工业生态中的体系生命力的特点概括为：像有机生命体一样，具有生存力、恢复力和进化力，并具有一组有机特征集，包括自感知、自省性、自适应、自恢复、自优化、自学习和方向进化性。对于工业而言，工业生态的生命力还具象在以下三个方面，一是需求与供给方面，二是精益与优化，三是配置与冗余。这三方面的整体最优，才得以保证工业生态的体系生命力。

6.2　工业生态的演进

6.2.1　以工业革命为脉络的工业生态重要演进历程

人类在过去二百多年的近现代文明史中完成了三次工业革命，每一次工业革命都引起了人类生产力的巨大变革，也引起了世界格局的重大变革，在这些变革浪潮中迅速实现工业转型和升级的国家都在很长一段时间内保持了生产力和国际地位的巨大优势。

英国成为第一次工业革命的领导者，造就了长达一百多年的日不落帝国。美国引领了第二次工业革命，使其迅速超越英国成为世界第一生产力大国。而 20 世纪 90 年代开展的以互联网为核心的第三次工业革命，更是成就了美国曾经的世界霸主地位。2011 年的汉诺威工业博览会上，德国首次提出了以智能化和信息化为核心的制造业转型，被普遍认为拉开了第四次工业革命的序幕。

随后，美国也确定了以“网络–实体系统”(Cyber-Physical System，CPS)为核心的产业智能化升级，并设立了以 CPS 为主题的白宫总统创新项目，旨在鼓励 CPS 技术在制造业、国防工业、政府管理和医疗等领域的应用项目。2012 年 11 月，美国通用电气公司(GE)发布了“工业互联网”(Industrial Internet)项目报告，确定了未来装备制造业智能服务转型的路线图，将“智能化设备”“大数据分析”和“人在回路智能决策”作为工业互联网的关键要素。2013 年 4 月，由德国科学工程院联合博世、西门子等企业起草的《工业 4.0 实践规划建议书》在汉诺威工业博览会上正式发布，报告中提出“物联网”和“网络–实体系统”(CPS)技术为工业 4.0 的核心技术，同时，德国也树立了雄心勃勃的目标，即要成为现今工业生产技术(CPS-based & IOT-based)的供应国和主导市场。

在我国，2017 年在工业和信息化部的指导下，中国电子技术标准化研究院与中国工业互联网产业联盟相继发布《信息物理系统白皮书》和《工业互联网白皮书》，2018 年中国工程院发布《走向新一代智能制造》。

在第四次工业革命大幕还未完全拉开的时候，各国工业界已将 CPS、数字孪生、工业互联网、智能制造、数字化转型等主题推向热门产业研究与工业实践领域，足见各国对新一代工业革命的重视与投入的决心。

综合前几次工业革命，可以总结为工业的三次驱动，第一次驱动是蒸汽与电气化，提升了效率，增强了体系的效能；第二次驱动是数字化与信息化，实现了精益，进一步增强了体系的效能；第三次驱动是目前的互联网化和智能化，提升了配置与优化，以及自演进能力。其中，在第三个阶段，即新一代的工业生态转型演进过程中，笔者认为以数字孪生、CPS、数据驱动和生命力赋能为特征的平台等要素可以作为使能要素，形成支持工业生态体系效能实现逆熵体的支撑。

6.2.2　新一代工业生态转型的演进探索

1. 现代工业面临的生态体系问题

现代工业面临的生态体系问题就是通过卖工业品实现价值创造的传统模式逐步走到尽头。随着全世界主要经济体工业化升级的完成，以工业品性能提高为目标的采购需求正在逐步消失，用户购买意愿正在消减，这使传统工业品销售举步维艰，通过卖工业品实现自身价值创造的传统模式正在走向尽头，即使研究性能更好的工业品，挖掘其所有的潜力，也只能是延缓而不能从根本上改变这一状况。

因此，当前工业生态转型的需求是工业品边际效应的扩展，实现产业健康可持续的发展，我们按照 V++三层规则模型分析这一工业生态转型过程的隐秩序，并尝试用规则引擎和逆熵体来解释工业生态转型在装备健康管理方向的探索。

（1）规则执行器——故障诊断和远程监控尝试。

制造商最早的转型尝试是通过故障诊断和远程监控等手段提升工业品的售后服务能力，进而带动备品备件的销售，创造新的价值空间。但这种应激式远程服务和备品备件服务，依然是以制造商的价值需求为导向，通过增加用户的投入成本，希望在同一用户手中多次获利，但随着整个经济越发严峻，这种零和游戏（即损害用户利益带来制造商利益增长）无疑是难以为继的。

“买装备”向“租装备”转变的过程中，运用 V++三层规则模型把宏观顶端的设计和运营，与中观的系统，以及微观的设备进行了基于 CPS 的流程重构和隐秩序挖掘，并在三层规则执行器的作用下构建新的工业生态模式的适应性机制，从而使故障诊断和远程监控的功能可以连接设备制造和设备维护行为，逐渐地，很多工业品制造商开始发现，用户对工业品性能要求的背后往往是对工业品能力最佳利用的需求，即需求端和制造端通过工业品效能最大化的要求进行了两端的适应性匹配，进而实现用户利益的最大化。例如，将“买装备”变成“租装备”可以很大程度地满足用户的价值利用需求，同时也释放了产品更新的边际效应。目前最典型的案例是罗罗公司（Rolls-Royce），从卖飞机引擎转变为卖飞行时长，通过实时监控 4600 个引擎的运行状况，实现飞机随时保持最佳飞行状态的目标，用户仅以 4%的成本换取了 61%的效益。罗罗公司就是通过对制造端与运营端进行隐秩序的挖掘和重构，才由此走出了产品销售的困境。

（2）规则生成器——远程支持中心的模式探索。

有了故障诊断和远程监控之后，在实践过程中，仍然会面临用户不能合理使用装备的情况，例如租车服务。由于用户操作水平不同，可能有经验不足或者恶意使用等情况，长期不合理地使用装备使租用车辆的寿命往往远短于私家车寿命。这样带来一个矛盾，租费设置高时，用户数量较少，车辆维护成本较低，制造商利润也偏低；而租费设置低时，用户数量增多，但车辆维护成本增加，制造商利润也偏低。为解决这一矛盾，需要新的规则产生，也就是设计规则生成器。因此，制造商专门成立远程支持中心，一方面可以帮助用户更合理地使用装备，发挥其效能；另一方面保证装备消耗维持在基本合理状态。但是，远程支持中心模式同样会面临两个问题：一是需要提供实时的远程监控服务，二是对远程服务人员要求高，不仅要了解装备，还要了解用户，这往往需要专家级别的工作人员。而人在回路的支持，实时性难以得到保证，同时，更做不到对散、少、杂用户的支持，但往往 80%的客户都是这种客户。

（3）逆熵体—— 决策自动化。

真正实现体系赋能的是体现智能化和技术进步的逆熵体，即决策自动化技术。大家开车时或多或少地都用过行车导航，它证明了面对广泛用户需求的实时服务，能够不再依靠人在回路的模式。此外，行车导航也很好地解释了什么是 CPS：在物理（Physical）空间，感知车辆位置、路况、道路等信息和获取用户需求（去哪里，如何去）；在网络（Cyber）空间，完成分析、评估、优化和决策等环节，进而适时指导实体空间活动，即告诉用户最佳的行驶路线，帮助用户利用实体装备满足自身活动需求。通过 CPS 的力量，满足了广大用户的个性化需求，创造出新的边际效应。可见，制造商需要 CPS 实现这种转型，这种模式更广泛地适用于工业品的用户价值支持！

通过以上简单分析，我们试图给出智能时代的 CPS 新组成与目标，即：在网络空间控制精准与信息流动高效这两大能力的基础上，进一步释放其分析、评估、优化和决策的能力（决策自动化），与前两种能力一起，与实体空间相融合，在 V++三层规则的架构下，在规则引擎的驱动下，实现物、网络和人三位一体的“三体智能”（与宁振波、赵敏等专家在《三体智能革命》中阐述的观点一致），这或许才是我们需要的 CPS，也是基于此我们才能构建持续向有序涌现的逆熵体。

2. CPS 未来发展趋势

在我们看来，未来的 CPS 应该是以逆熵体的智能技术为切入点，以决策自动化的逐步实现，并与信息化系统集成构建的 PCP（Physical、Cyber、People）新形态，创造新的价值空间。

现代信息技术的发展，使 PCP 构成的多体智能呈现出来。第一，物联网（IoT）技术，通过智能感知、识别、普适计算等技术，使我们的感知更加全面、动态，信息更加多样与实时；第二，大数据分析、云计算技术等，使数据处理能力大幅增强，可将包括软硬件的一切资源、海量数据通过虚拟化和分布式等手段，进行高效获取、深度加工，并提高数据的可用性；第三，认知技术、认知学习的出现与发展，使我们对于实体空间状态的正确掌握、事物发展规律的客观了解，使个体的实时决策所需要的认知支持成为可能。

由此可见，通过 CPS，实现隐秩序的挖掘和认知能力的提升，并实现基于预测的决策，进而实现控制与管理能力的跃升，实际上也是 CPS 被各国关注的内在原因。

3. 我国工业的转型更需要 CPS

那么，在新一代的工业转型浪潮中，为什么我国工业更需要 CPS?

改革开放以来，我国工业取得了举世瞩目的伟大成就：2019 年，我国 GDP 是 14.28 万亿美元，其中工业增加值 5.51 万亿美元，占世界的 23.86%；我国工业 220 种产品产量居世界第一位，其中，粗钢、煤、水泥的产量已连续多年稳居世界第一；我国拥有 39 个工业大类、191 个中类、525 个小类，是全世界唯一拥有联合国产业分类中全部工业门类的国家。

在数十年的现代化进程中，我们遵循的是“雁阵理论”，技术上走的道路是：引进、消化、吸收、再创新；产业链上，我们放弃设计与服务，重点放在加工制造，“物美价廉”是我们无奈的选择。一方面，使我国快速成为大国，在能源、资源、劳动力等方面的优势以及在工业基础、工人素质等方面的劣势，使我国在国际工业体系分工中成为以加工制造为主的世界工厂；另一方面，使我国成为强国的道路面临挑战。我国缺乏西方数百年积累的经验知识，这使我们知其然而不知其所以然，单纯利用传统研发投入手段也无法在短期改变现状。除了华为等少数企业，我国暂时没有为全球服务的能力，这也制约了我国原创型产品和品牌的形成。

然而，从另一方面考虑，我国是工业“制造大国”，又是“使用大国”，我们拥有着极大的数据优势和产业链齐全优势，这恰恰给我国的转型带来了新的机遇，可以改变我国在设计理念、产品品牌、研发过程、服务模式等方面的短板处境。

随着 CPS 的到来，使用户价值提升、制造商新的经济增长点的实现，我们拥有了新的机会，那就是将数据优势与 CPS 相结合，在商品性能没有根本性改变的时候，利用赛博空间的决策支持能力提升其效率，反馈到设计能力，最终创造品牌价值，从零和博弈变成共享，从而利用新的认知能力来达到工业体系转型的目标。

6.3　船舶生态体系的转型探索——智能船舶行业基于 V++规则引擎的工程实践

6.3.1　船舶行业宏观形势

船舶行业具有显著的周期性特点。从 20 世纪 80 年代开始，随着我国改革开放以及全球经济的繁荣，船舶业也曾欣欣向荣，航运业运力供应紧俏，船舶制造业订单不断。但自 2008 年金融危机之后，航运业随即进入低迷周期，运价指数连年下降，航运企业亏损加剧，并逐渐蔓延至上游船舶制造业以及配套产业。2016 年下半年以来，市场开始好转，运价指数缓慢回升，但是在贸易保护主义、新冠肺炎疫情全球蔓延的接连挑战下，船舶行业依然面临着不小的压力。

显性问题：2018—2020 年航运 CCFI（中国出口集装箱运价指数）综合指数长期在 800 点左右徘徊；根据工业和信息化部装备工业二司中国造船产能利用检测指数显示，自 2013 年开始我国造船产能利用率长期处于正常水平以下，如图 6.6 所示。近期的产能利用检测指数也反映了新冠肺炎疫情的影响。

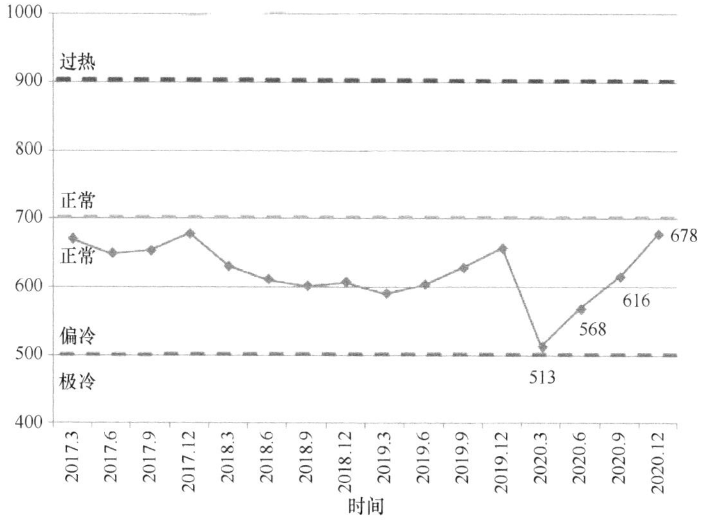

图 6.6　中国造船产能利用检测指数（季度）

隐性问题 1：国际航运环境保护监管力度正呈现逐渐加强的趋势。根据联合国发布的《2019 全球海运发展评述报告》，国际海事组织正积极开展多项相关监管活动，致力于减少国际航运船舶的温室气体排放，并且第一次提出了，到 2050 年，较 2008 年至少减少 50%的年温室气体排放量的最低目标。我国对世界的“双碳承诺”，无疑对未来船舶的环保性能提出了更高的要求。

隐性问题 2：从航行安全方面来讲，人为失误向来是海事行业中造成事故的主要因素之一。根据安联全球公司的专业评估，75%的航运保险损失（相当于 16 亿美元）是由人为失误造成的。造成人为失误的原因有很多，如能见度低、天气恶劣、长时间工作和休息不足造成的疲劳等客观因素，也同样与船员的经验与能力等主观因素密切相关。但更糟糕的情况是，根据波罗的海国际航运工会（BIMCO）人力资源报告，由于人口老龄化及职业抱负改变等因素影响，未来可能出现航运船员短缺的情况。因此，如何降低船舶控制管理难度、减少人为因素造成的不确定性影响，是航运业，甚至是整个船舶行业所需要思考及解决的重大问题。

因此，船舶行业在面临上述不同方面困难的挑战下，积极拥抱信息技术和人工智能等先进技术，设计出具备经济高效、环保节能、安全可靠的船舶智能化解决方案必然是未来重要的发展方向，而基于 V++三层规则模型和规则引擎驱动下的智能船舶逆熵体的构建，则是实现这一目标的有效路径。

6.3.2 “逆熵体”智能船舶的出现

近年来，船舶智能化受到了国内外各方面的重视。国际海事组织（IMO）、国际标准化组织（ISO）将智能船舶列为重要议题，国际主要船级社相继发布了关于船舶智能化的规范及指导性意见，国际主要的造船国家均在大力推动智能船舶的研制与建设。我国工业和信息化部、交通运输部、国防科工局三部门也联合发布了《智能船舶发展行动计划（2019—2021 年）》，工业和信息化部积极组织并推动智能船舶标准体系的建设工作。

国际知名海运及能源市场智能技术以及全生命周期解决方案供应商瓦锡兰公司推出了其智能船舶运营解决方案（Fleet Operation Solution，FOS）。该方案以瓦锡兰智慧支持中心为核心，集成了多项智能应用，构建岸海一体综合体系。例如，电子海图显示和信息系统（ECDIS）服务，不仅在船舶个体级别，而且在船队级别，提供航行计划、优化及监控服务；智慧日志

（Smartlog）能够实现大多数岸海汇报数据预先自动填写；虚拟的能源流管理帮助提升船舶能源使用效率，等等。2020 年第四季度，位于丹麦的 UltraShip 公司与瓦锡兰签署合约，将使用 FOS 对其全部的 18 艘液化石油气邮轮船队进行优化。瑞士 ABB 公司亦推出 ABB AbilityTM 航运解决方案，包含船舶管理及运营、远程诊断和预防性维护、岸上船舶检测等一系列智能应用。

2010 年，我国首个基于体系级 CPS 技术架构——面向船舶与航运智能化的智能船舶运行与维护系统（Smart-vessel Operation and Maintenance System, SOMS）诞生，形成了“集成平台+开放式应用”的产品形态和核心系统架构，以及“产品+服务”的船舶产业转型新模式。实现这个创新模式的主要成员于 2016 年，以 CPS 平台为牵引，由船端装备向智能服务延伸，开启了国内首个岸海一体船舶智能服务体系的建设，推出了“智能船舶解决方案”。在 SOMS 产品市场反馈的基础上，该团队核心成员组建了震兑工业智能科技有限公司，以进一步改良升级智能服务。截至 2020 年，搭载“标准版”“专业版”和“数据中心版”三种配置的智能信息平台，已推向高中低端市场，逐步应用于国内外船东的百余条近远海各类船舶，包括 VLCC（Very Large Crude oil Carrier，超大型油轮）、VLOC（Very Large Ore Carrier，大型矿砂船）、巴拿马型/好望角型散货船、集装箱船、疏浚船、化学品船等多种船型，市场占有率全球领先。

目前，我国智能船舶技术发展基本与国际先进水平保持同步，但总体而言，全球智能船舶仍处于探索和发展的初级阶段，智能技术工程化应用仍十分有限，相关国际海事公约法规研究刚刚起步。虽然船舶行业智能化发展面临着众多不确定性与巨大挑战，但同样也是一次引领科技革命与产业变革的历史机遇。

6.3.3 智能船舶体系 V++三层模型

为了构建满足现代船舶发展趋势的智能船舶体系设计，按照笔者在前面章节设计的生态工程体系 V++三层规则模型和规则引擎的思路，构建基于 V++规则引擎的智能船舶逆熵体模型如图 6.7 所示。

按照智能船舶体系构建过程与智能船舶体系演化管理过程，将 V++模型分为两个子过程，在这两个过程分别设计并加载规则执行器和规则生成器。

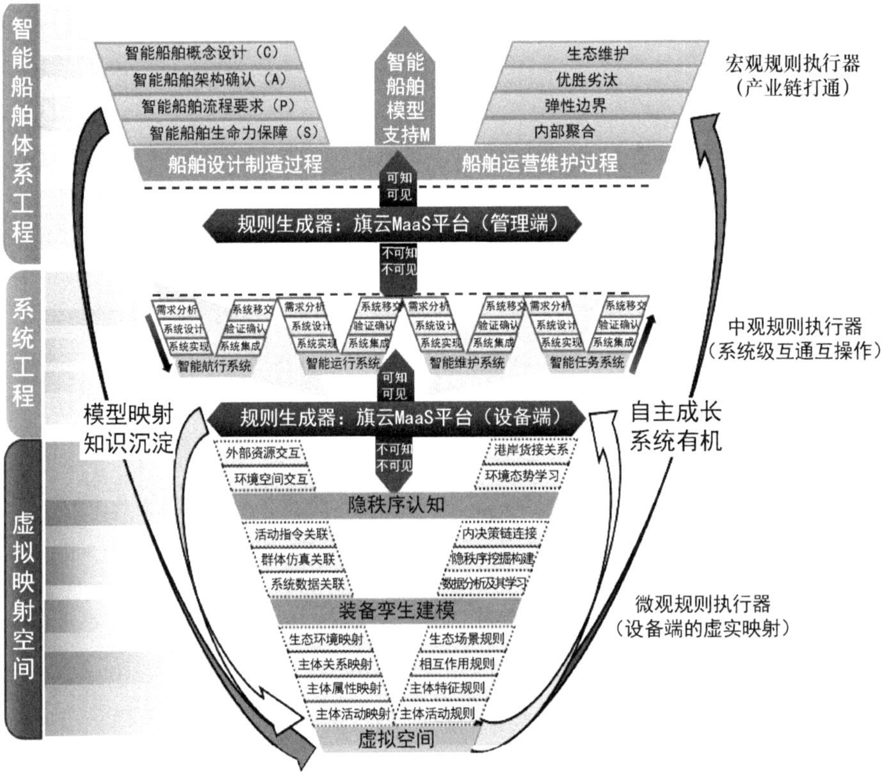

图 6.7　基于 V++规则引擎的智能船舶逆熵体模型

1．智能船舶体系构建过程——加载体系核心要素和规则执行器

（1）结合智能船舶的特点，对工程体系核心元素模型 DE-CAMPS 模型进行设计和加载，包含的核心要素如下。

C：智能船舶概念设计。通过智能船舶的概念设计，明确体系的使命任务与能力要求，作为整个智能船舶体系设计的顶层输入。

A：智能船舶架构确认。智能船舶的概念明确了主要的功能任务和性能指标要求，从而进一步确认智能船舶体系的基本架构，即智能船舶体系的组成以及组成之间的耦合关系。

M：智能船舶模型支持。模型是对物理实体的规律的提炼和反映，是智能船舶从实体向虚实映射，以至于形成数字孪生发展的基础和支持。

P：智能船舶流程要求。基于智能船舶服务平台中构建的数字化、模型化装备平台数字模型库，选定典型任务场景，推演出智能船舶各装备孪生节点与各系统、各主体之间交互与协作过程推演，同时建立和评价流程的合理性与效能，实现船舶装备的全数字化仿真设计与推演流程的要求。

S：智能船舶生命力保障。类比自然界生命有机系统的有机特性，并受人体“营卫”二气循行的启发，通过制定一定的适应性规则，加载规则引擎的执行器和生成器到 V++的三层次两衔接，采用 CPS 技术框架与数字孪生的技术手段，构建一种具有自重构、自成长能力的生命有机智能船舶体系。

D：数据驱动。数据在整个智能船体系的三层架构里流转，构建数字孪生，实现虚实映射，建立统一的装备数据库，支持智能船舶体系运行全流程。

E：设计建造与运营维护协同。构建面向智能船舶设计制造过程与智能船舶运营维护过程的智能船舶仿真平台体系，通过数字孪生模型以及基于 CPS 的故障诊断与远程维护，实现设计端与运营端的协同，进而促进智能船舶体系的演化成长。

（2）智能船舶生态体系规则执行器。

微观规则执行器：首先实现设备的物理连接，并构建装备孪生模型，通过对装备系统的功能映射、性能映射、关系映射与环境映射，为智能船舶装备体系数字孪生模型的构建提供数据输入，并按层次分别开展装备数据建模、功能系统建模、系统交互建模与应用场景建模，并最终建立智能船舶的数字孪生模型。其次构建群体秩序认知平台，通过对智能船舶数字模型的数据关联、仿真关联、活动指令关联，并运用大数据分析与人工智能学习技术，挖掘智能船舶体系内部装备之间协调运行的隐秩序，并探索群体系统内部的决策链关系，从而形成专门为挖掘智能船舶体系隐秩序信息的认知平台。

中观规则执行器：智能船舶系统工程开发包括智能航行系统、智能运行系统、智能维护系统、智能任务系统。每个开发过程都包括需求分析、系统设计、系统实现、系统集成、系统确认、系统移交等环节。中观规则执行器通过智能系统的互通和互操作，将规则进行有效的分解，下发到各个系统中执行，并记录系统数据和用户行为，进行数据分析和知识发掘。基于智能船舶服务平台中构建的数字化、模型化装备平台数字模型库，选定典型任务场景，推演出智能船舶各装备孪生节点与各系统、各主体之间的交互与协作过程，同时建立和评价流程的合理性与效能，实现船舶装备的全数字化仿真设计与推演。

宏观规则执行器：打通智能船舶前端设计与后端服务，实现船舶设计制造和船舶运营维护的产业链交互与融合，使船舶这一逆熵体赋能作用实现最大化。

2. 智能船舶体系演化过程——加载规则生成器

围绕装备，构建装备即服务（Machine as a Service，MaaS）的船舶互联网平台（简称 MaaS 平台），提供装备使用、维护、保障和生产经营的服务，并运用知识图谱、人工智能等技术，实现知识挖掘、隐秩序的发现以及新规则的生成，支撑逆熵体“智能船舶”的加速迭代和体系赋能。

设备端规则生成器：MaaS 平台的设备端连接设备层和系统层，构建知识平台，通过对群体装备之间协调运行的隐秩序的挖掘，结合活动空间、环境空间交互数据，构建出智能船舶体系环境态势适应性机制。一方面学习设备数字孪生的知识，发现新的规则；另一方面积累系统使用经验，提出更好的策略。

管理端规则生成器：MaaS 平台的管理端连接业务系统和企业生产经营活动，通过系统的连接，打通各业务系统之间的数据壁垒和知识隔离，促进设计建造与运营维护的协同，构建面向智能船舶设计制造过程与智能船舶运营维护过程的智能船舶仿真平台体系，通过系统模型的仿真和基于 CPS 的虚实映射，实现设计制造与运营维护的协同，进而促进智能船舶体系的演化，加速产业链上下游的融合。

6.3.4 基于V++三层规则模型的“两端两云”智能引擎

作为典型的重工业领域，船舶的智能化解决方案既有工业智能的特点，又能够满足船舶行业的要求。虽然船舶的种类繁多，任务场景各不相同，但是从挖掘隐秩序的角度来看，船舶智能化始终是围绕信息流、能量流和价值流来构建的。

根据智能船舶体系 V++三层规则模型描述，笔者提出了“两端两云”的智能引擎架构，即通过基于混合云的 MaaS 平台构建规则生成器和规则执行器，完成智能船舶体系的虚实映射，从而支持“智能船舶”这一逆熵体的演进，为船舶体系赋能。

1. 技术方案

智能引擎的设计首先要面向智能船舶隐秩序的需求（见图 6.8）：作为典型的重工业领域，船舶的智能化解决方案既有工业智能的特点，又能够满足船舶行业要求。从工业智能的特点来看，针对装备的活动需要以管控为核心，要求控制具有敏捷性、高效性、准确性，即智能装备应用应该是本地化的。

智能能力形成和演变，要求大数据化、多样化、全面化，即需要有远程的工业云做支撑，但同时，工业数据又有私密性、安全性要求，即需要构建本地的私有云；而从船舶行业要求来看，船舶在组织维上是典型的设备—系统—体系相互融合与相互作用的高复杂体，要求技术方案需要有稳定、高效、集约的“平台+应用”模式，同时在典型运营场景下，船舶的使用与岸上的管理活动联系密切，这就需要岸海一体化，即智能船舶控制端和管理端能够通过混合云中心联动。

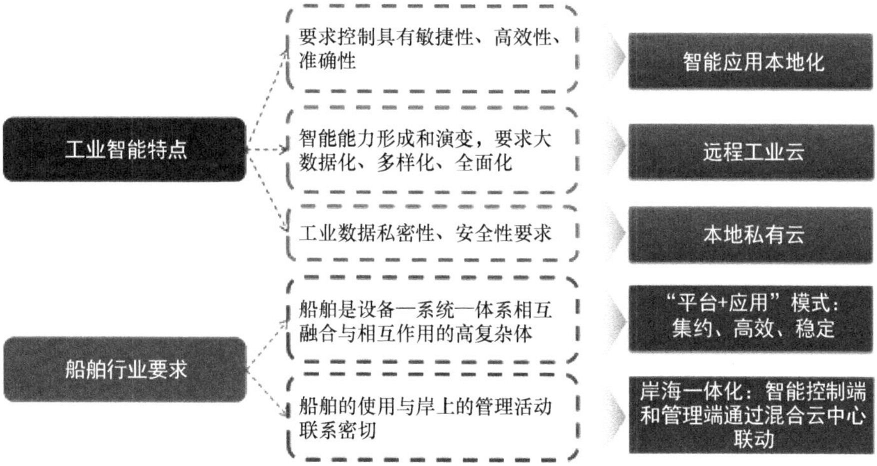

图 6.8　智能船舶的隐秩序

基于这两方面的要求，智能引擎在架构上需要一种两端两云的技术方案，包括智能控制端、智能管理端、本地私有云及远程工业云。其架构图如图 6.9 所示。

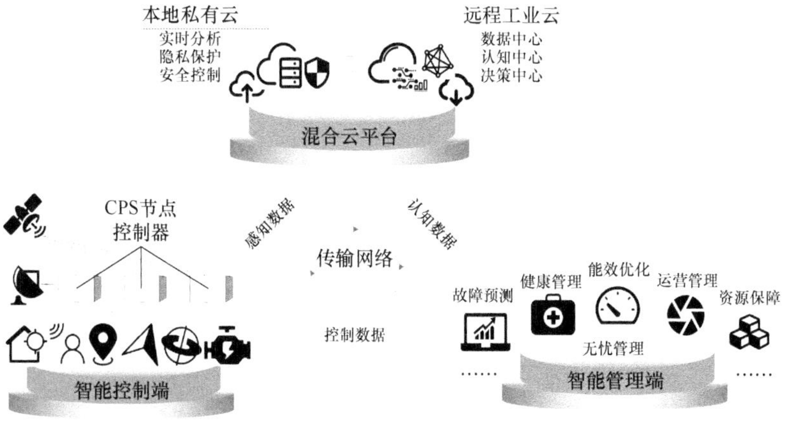

图 6.9　两端两云架构

（1）智能控制端。

智能控制端对应V++三层规则模型中的规则执行器，其主要功能是感知和控制，是CPS技术要素中的硬件要素。船舶航行过程中蕴含着大量的隐性数据，这些数据来自设备、个体船舶、船队、外界环境等各个层面。智能控制端通过传感器、物联网等数据采集技术，将这些隐性数据转化成显性数据，通过网络传递至云端进行进一步的分析、理解。

船端数据主要为航行类和设备类，航行类数据如航线、航速、舵角、滑失率、纵横倾等；设备类数据主要包括主机、发电机、锅炉、传动等设备的关键指标，如转速、功率等。外部数据，如船队整体运行情况数据，气象信息数据，如风、浪、涌、流，港口数据，排放控制区域情况数据等。同时，控制端接收来自管理端的决策控制数据，实现对单系统、船舶个体与船队的智能控制，主要表现为实现船舶的智能航行、智能运行、智能维护、智能任务四个主要方面。

（2）智能管理端。

智能管理端对应V++三层规则模型中的规则生成器，根据管理范围和管理颗粒度的不同分为上位规则生成器（船队管理）和下位规则生成器（本船管理），其表现形式是船舶行业应用软件，软件沉淀着船舶行业的知识、经验，能够解决相应应用场景的已知、未知、预测等问题，是CPS技术要素中的软件要素。传统的船上智能仪表可以归类为初级的CPS——人智阶段，即仅能够对数据信息进行简单的展示，但数据多且杂，并且缺乏协同，可以说数据的价值并没有被充分地利用。智能管理端面向应用场景集成关键数据，使数据展示简洁有序，而且不仅满足于信息展示，在混合云平台的知识中心、认知中心、适应与创造中心支持下的智能管理端，能够具备认知、预测的能力，甚至在未来能够实现自动控制、自我成长。

例如，船体腐蚀及海洋生物附着对远洋船舶有显著的不利影响，通常通过经验判断进行污底检查或定期清理。而船舶污底监测与评估应用，则利用大数据分析，对污底形成的各影响因素进行学习，形成认知，科学预测污底系数，对污底的检测、清理提供建设性指导。

智能管理端的上位规则生成器和下位规则生成器能够实现船岸协同，为个体船舶提供一个整体视角，并在宏观层面实现资源的优化配置，比如，船舶与船东、港口、监管部门的高效协同。

（3）混合云平台。

混合云平台，即“本地云+远程云”，是 CPS 体系中的数据服务平台，构成 CPS 技术要素的平台要素，是智能引擎的后台和中台。

本地云处理实时的、敏感的数据，远程公有云针对具体场景需求提供知识中心、认知中心、适应与创造中心的服务。知识中心根据船舶行业经验知识，对数据进行知识提取、存储分类及管理；认知中心为应对不确定性问题，通过数据的挖掘、学习发现知识，形成认知，以支撑决策；适应与创新中心利用数字孪生技术，可在信息空间中对问题进行预先推演，再作用于物理空间，通过反馈机制达到自主学习成长。

2. 实践模式

“两端两云”智能引擎在船舶行业的应用实践模式可以从两个维度来看。

（1）逆熵体的作用范围。

从逆熵体的作用范围维度看，智能化由单船到船队，再到相关产业链逐步扩展。单船级应用实践涉及下位规则生成器、微观规则执行器和中观规则执行器，主要聚焦如何提升设备运行效率；船队级应用实践涉及上位规则生成器、宏观规则执行器和中观规则执行器，主要聚焦岸海、群体协同，产业链级应用，面向的是更广泛相关方的互联互通，但三者并不孤立，而是通过隐秩序和显规则进行联通，相辅相成。例如，船舶航速优化服务，最佳的航速不仅取决于主机的状态、效率，船舶自身载重、污底情况、滑失率等多种因素，也取决于船队整体运营计划、气象条件、其他突发事件，以及目的港口的情况等因素。

（2）逆熵体的进化程度。

从逆熵体的进化维度看，智能船舶根据具体应用场景的特定需求，其智能程度从低到高，可以分为人智模式、辅智模式、混智模式、机智模式四个阶段。

人智模式主要通过优化信息展示，更好地辅助船员控制船舶，最终依靠船员的经验进行决策。然而日益复杂的内外部环境及趋于严格的航行要求，越发凸显了依赖经验的决策方式的局限性，可以看作无逆熵体的阶段。

辅智模式构建了规则引擎，具备了逆熵体的雏形，主要面向岸基的智能管理服务，通过智能引擎后台的知识中心将经验转化为具有指导功能的量化知识，从而更好地提供服务。船舶油耗矩阵就是一个很好的例子，它以表格的形式将各种条件下（如天气、滑失率、航速等）的参考油耗列出，船员可根据实际情况，很方便地查看当前的日均油耗情况，并可以此进行下一步的决策。

混智模式的发展得益于在下位规则生成器的技术进步，具备了基础的认知能力，从而能够支撑逆熵体的运转和演进，主要体现在设备端的船基平台应用开始能够处理未知的问题上；进而在上位规则生成器的作用下，实现船队、岸、海一体化，以及整个船舶设计到制造到服务产业链的资源优化和整合。上文提到的航速优化就是一个混智案例，面对未知的、多方面的条件变化，在认知模型的支持下，系统能给出科学的航速建议。又如，主机状态评估，CPS 能够结合历史与实时数据，对主机状态进行全方位的评估。

机智模式是逆熵体未来的演进方向，通过数字孪生技术构建智能引擎的适应与创新能力，智能船舶这一逆熵体将可以在赛博空间获得推演能力，并在循环迭代与创新中获得自主智能。

我们在智能船舶体系构建和演化的实践中，对生态工程体系的生命力特性有了本质上的认识飞跃，通过 V++三层规则模型中的反馈与适应，验证了基于 CPS 发掘隐秩序的可行性，以及基于规则引擎实现隐秩序和显规则之间的认知与转化，从而既提升了智能船舶体系的适应性，又验证了生态工程体系模型与方法的适用性，第一次实现了以逆熵体的赋能工程体系。

第 7 章

规则引擎的载体——工业互联网平台

当前的工业界，机械化、自动化、信息化已发展到较为成熟的阶段，如何进一步解决工业规模化与定制化、共性化与个性化、复杂化与精细化等之间的矛盾，为用户创造最大化利益与价值，已成为所有传统工业行业面临转型发展的新挑战。正是在这个需求背景下，各个国家在战略层面上提出工业生态演进或工业转型发展的同时，均提出了核心技术创新抓手和平台载体的思路，其中一个典型的载体就是工业互联网平台，其活跃于中国、美国、德国、日本等国的工业发展战略政策之中。

7.1 工业互联网的定义和发展现状

让“工业互联网”一词进入大众视野的，普遍认为是美国通用电气公司（GE）在 2012 年 11 月发布的“工业互联网”（Industrial Internet）项目报告。该报告确定了未来装备制造业智能服务转型的路线图，将“智能化设备”“大数据分析”和“人在回路智能决策”作为工业互联网的关键要素，并在不久后发布了 Predix 项目计划。而“工业互联网平台”概念的提出，随即在全球制造业掀起了一股热潮。

在我国，自 2017 年 10 月国务院印发《关于深化“互联网+先进制造业”发展工业互联网的指导意见》以来，我国各级政府、制造企业、自动化企业、ICT 企业、互联网企业、科研院所等各方力量积极参与我国工业互联网平台建设及推广工作，尤其在政府、行业联盟、企业层面，发布了一系列的工业互联网行业白皮书、平台与解决方案、扶持政策等。

对于工业互联网的定义与内涵，在《工业互联网白皮书（2017）》和《工业互联网产业经济发展白皮书（2020）》等公开发表资料中均有描述。在这里，我们选取其一：工业互联网是新一代信息技术与工业系统全方位深度融合所形成的产业和应用生态，是工业数字化、网络化、智能化发展的关键综合信息基础设施，其本质是以人、机、物之间的网络互联为基础的，通过对工业数据的全面深度感知、实时传输交换、快速计算处理和高级建模分析，实现智能控制、运营优化和生产组织方式变革。

根据《工业互联网产业经济发展白皮书（2020）》中的测算，2019 年我国工业互联网增加值规模达到 3.41 万亿元，名义增速达到 22.14%，占 GDP 的比重为 3.44%。2020 年，工业互联网产业增加值规模达到 3.78 万亿元，占 GDP 的比重将提升至 3.63%，成为推动国民经济高质量增长的关键动力。由此，我国的工业互联网产业增加值规模正在持续扩大中。

从行业影响力来看，包括工业互联网产业联盟、全国工业互联网大赛、跨行业跨领域工业互联网平台发布等，均获得了工业界的广泛关注。可以说，在国内的工业互联网这一赛道上，现阶段多为政府积极引导、主流工业行业全面发力的初期发展状态。

7.2 CPS 与工业互联网平台

7.2.1 面向工业转型需求的工业互联网平台

笔者在前面已经提到，工业生态的每一次演进，都伴随着工业转型的价值驱动，结果带来的是工业革命阶段性演进历程，而工业互联网的出现，实际上正是顺势而为地解决了现阶段广泛存在的工业转型需求。但是有哪些是现阶段的工业转型需求呢？笔者结合多年的工程实践经历，尝试给出一些对于我国工业转型的思考。

1. 传统工业面临新压力

在全球化、智能化快速发展浪潮下，世界范围内传统工业企业面临着来自市场、效益、政策和生态多方面的压力与挑战，迫切需要转型。首先是市场饱和压力，即我国装备制造业在发展初期通过直接或者间接吸收发达国家先进技术，短时间内取得了技术提升，装备市场数量规模达到一定程度后市场逐渐饱和，迫切需要提升产品质量；其次是附加值有限压力，工业产品制造生产原材料占比大，利润率低，多以中低端产品为主，导致附加值低，依靠低价取得市场竞争的优势逐渐减小；再次是资源整合压力，大型企业面临产业链资源协同、中型企业面临扩大生产规模压力，均需要资源整合；最后是贸易保护压力，这里包括一些贸易保护政策，限制了国内企业向国际化的推广，影响跨国、跨域经营。

2．我国工业在新国际体系中的双重压力

作为全球第二大经济体，我国工业目前面临着诸多挑战，例如，如何应对国际局势，如何实现中国工业经济二次转型，等等。因为我国工业模式过去主要是以加入国际产业链为主的，往往通过模仿和替代，或者走物美价廉模式，这种模式已不能促进我国经济增长，而在新的国际贸易形势下，我国需要重构或者再造产业链，以内循环经济促进发展，但在一定程度上缺少重构产业链的基础和能力。另外，我国工业目前也面临着新形势下难得的历史机遇，即以国内大循环为主体、国内国际双循环相互促进的新发展格局。在这种条件下的机遇包括如何重构重组完整的内需体系、如何快速适应新的双循环体系等。笔者认为应该在以下几个方面实现转变，即以国外企业为龙头，向以国内企业为龙头的转变；以单一企业供应链，向以龙头企业为核心打造生态自主型供应链的转变；以传统制造模式，向以知识驱动智能制造的体系转变；以满足世界需求为主，向以国民经济为主兼顾面向世界的转变等。

3．现代工业企业的组织结构及生产模式正在变化

在工业转型的需求分析中可以看出，众多工业企业的组织结构及生产模式正在随着新的市场趋势、能力要求而发生着变化，比如，整个生产组织模式正从“单线”结构向着“网络化”结构转变，复杂性增强；传统的组织模式，研发—生产—管理—销售—运营，单线条、迭代缓慢、分工简单、交互协同少，而数字化转型对于这种组织模式的要求，逐步变为网络化、迭代迅速、工作复杂、交互协同多。

4．企业生产目标及效益产生来源变化

越来越多的企业从“生产产品”向着“产品+服务”转变，以增加创值空间。如图 7.1 所示，可以看到增值的智能服务使服务更加具有价值。

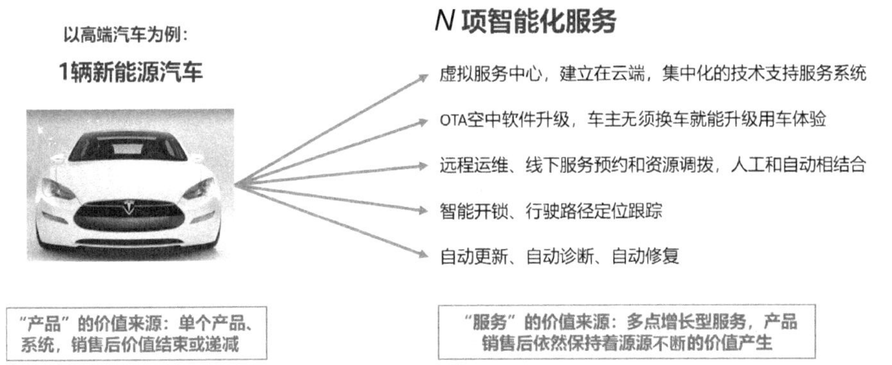

图7.1 从“生产产品”向“产品+服务”的转型中，服务创值更大

5．行业生态环境变化

随着万物互联程度加深，行业内部以及行业之间的壁垒逐渐被日益增强的数据流动性所打破，构建互利互惠的行业生态体系和跨组织联盟，成为当前工业企业增强生存能力的发展趋势。这样，行业边界日益弱化之后，将形成越来越多的行业生态体系以及跨组织联盟，如车联网代表的智能网联汽车生态体系、小米代表的智能家居生态体系等。

综上可知，工业互联网的出现是由现阶段工业转型的需求延伸出来的。然而，工业转型，特别是内循环经济条件下的工业转型，并非某个单一产品、软件、系统的升级，而是影响到全工业体系中的角色、流程、产品、服务、组织、商业模式的一次深层次、大规模的数字化转型。数字化转型的核心是流程再造，而流程再造的具体体现就是制定新规则、安装新引擎。

在这一阶段，工业互联网平台的构建本质在于信息主导与体系建设，其核心为三个要素，一是体系设计，即工业转型实施顺畅的根源，利于竞争性优势的保持和构建逆熵的生态；二是核心算法，即面向工业领域核心问题的应用，利于把数据转化为知识，把隐秩序转化为显规则；三是集成平台，即解决工业领域转型发展的基础问题和集成问题。

7.2.2 在工业转型中工业互联网的目标与特征

在当前阶段的工业转型中，工业互联网的根本目标在于，以数字化为手段，通过以供应链优化为牵引的企业内部管控能力提升实现内控，通过以生态链服务为牵引的企业创值能力的提升实现外联，进而实现工业体系“降本增效”的永恒目标。

其中，降本包括通过生产要素供应链的优化，实现产业优化，通过生产过程的优化，实现生产的安全、经济、环保、高效；增效包括通过内外部协同速度的提升而提高效率，通过投入产出新模式而提升创值，通过体系效能提高而实现放大效应。这里面的核心是提升三个要素。

一是生态优化，通过工业体系的 V++三层规则模型整体设计和描述，实现工业生态的重组；二是应用能力，基于安全、经济、高效等方面的核心算法功能，基于 CPS 挖掘新知识，创造新价值，提高应用能力；三是实现发展，通过产业互联网集成平台，加载规则引擎提高效能，解决制约发展的基础问题和共性问题。

在工业互联网平台构建的过程中，需要对社会互联网平台进行学习，但是更重要的是深入分析它们之间的区别。工业体系和社会体系之间的差异性分析如图 7.2 所示。

	工业体系	社会体系
组成要素	• 角色、装备、流程、产品	• 信息、人、社区、城市
应用场景	• 控制、运行、维护、管理等	• 市政、金融、医疗、出行等
具体特征	• 控制精准、流程有序、紧密关联	• 关联推荐、无序网络、松耦合
挑战	• 建立标准的信息化工业体系是基础，为大批量的工业设备和工业系统增加信息化服务是重点和难点	• 引导用户产生适应更加舒适、便捷的需求，吸引用户和流量，增加用户对于新需求的黏性，创造更多的应用场景是重点和难点
愿景	• 可能在整体标准化的工业体系下分别建立面向不同工业领域子工业体系，保持各工业领域的特殊性	• 可以通过一个统一体系，包揽衣、食、住、行全部的服务要素和社会功能

图 7.2　工业体系和社会体系之间的差异性分析

根据对工业体系和社会体系的分析，我们对工业互联网平台需要考虑的特征进行了总结。

1. 人物共管，紧密耦合

工业互联网不同于社会互联网，只关心对人的管理，工业体系既包含对人的管理，也包含对物的控制，两者是紧密耦合的。工业互联网与社会互联网的区别如图 7.3 所示。

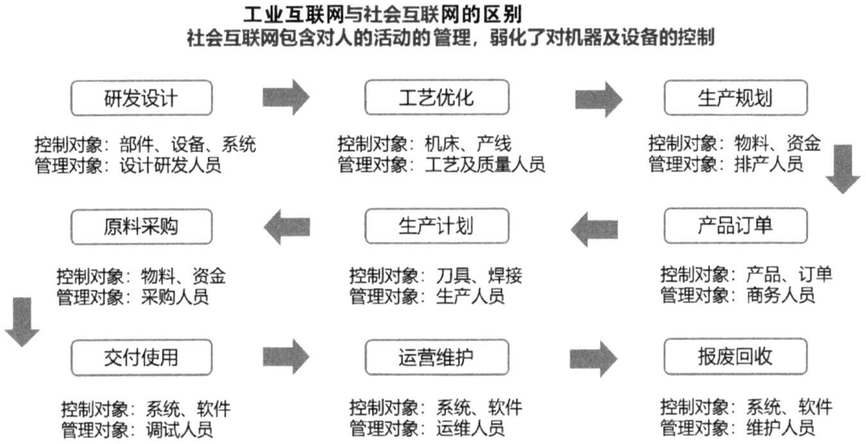

图 7.3　工业互联网与社会互联网的区别

2．场景驱动，产业贯通

工业智能（工业互联网）关注工业应用和场景驱动，面向用户最为关心的安全、经济、高效和场景应用，从行业内部（纵向）和行业间（横向）分别集成（大产业，小市场）；工业互联网与社会互联网的区别在于：社会场景可以在短时间内迅速复制，而每种工业场景具有特殊性，导致迭代速度慢。以船舶行业为例（见图 7.4），需要从场景和产业上打通船舶产业链和航运产业链双链，从而实现产业贯通和产品+服务的新模式创造。

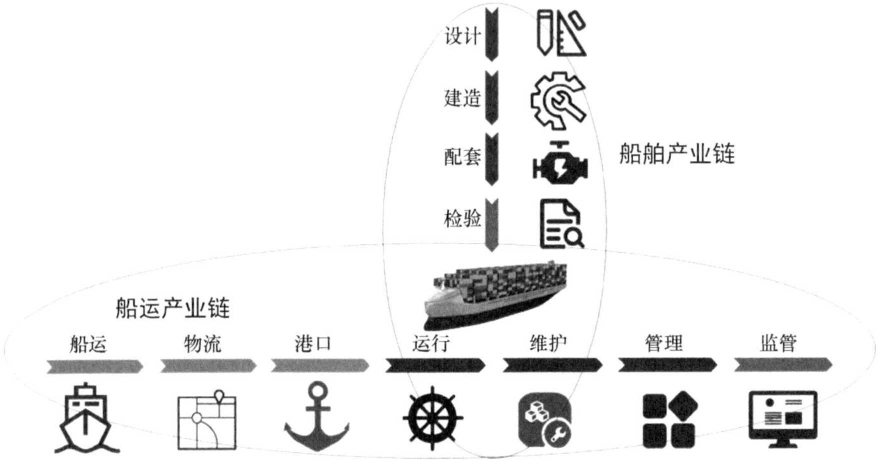

图 7.4　船舶制造与船舶航运的双链贯通

3．多重领域，知识融合

工业智能技术是行业领域知识、专业知识和智能技术知识三者的相互结合，如图 7.5 所示。其与社会互联网的差别在于：工业智能技术具有权威性和专业性。以柴油机故障诊断为例，它需要机理、数据、环境场景的多重技术和专业的结合。

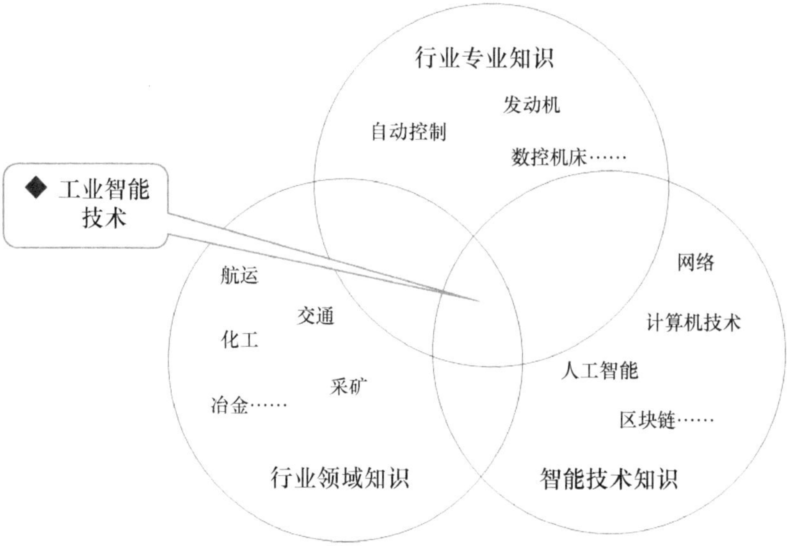

图 7.5　工业智能技术的知识融合

4．公私两云，结合发展

工业智能产生了一种产品+服务的新模式，从生产、设计、建造、维护均有单独私有云提供服务，方便相关人员固化解决方案。与社会互联网的差别在于：社会云是服务商构建基础服务设施，软硬件升级后不断整合提升，因此适合公有云；工业云是私有云和公有云结合，因此不能简单地将社会云复制到工业模式上。工业云的特点如图 7.6 所示。

5．精准控制，安全验证

智能实际需要解决基于认知学习和基于预测决策的控制问题，工业智能的目标为“无忧工业”，强调精确执行与数据驱动的结合，发展阶段包括了辅助决策、自主控制、无人自主，因为要精准操控设备，所以需要经过必要的安全测试验证；而社会/商业智能的目标多为智慧生活，强调活动便利与数据驱动的结合，基本没有控制的需求，所以对测试验证要求不高，发展阶段从技术层面上包括了弱人工智能、强人工智能、超级人工智能。工业智能与社会/商业智能的目标与差异如图 7.7 所示。

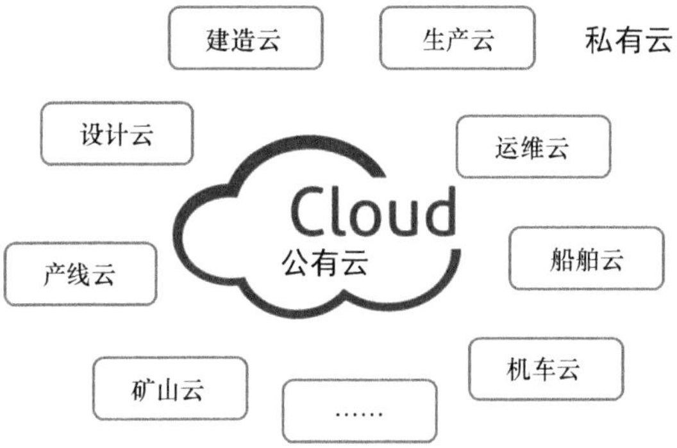

图 7.6　工业云的特点

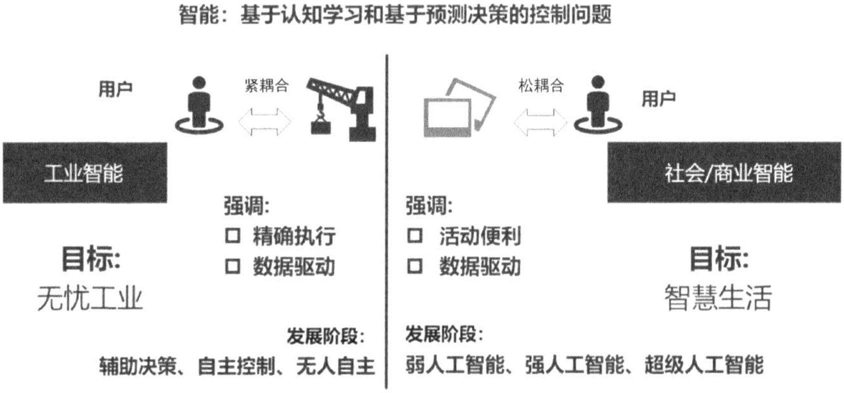

图 7.7　工业智能与社会/商业智能的目标与差异

综上，通过工业体系和社会体系之间的差异性分析，以及工业互联网平台的特征总结，我们可以初步得出的结论是，建立工业互联网平台需要具有工业和智能双重属性，才能支撑工业数字化转型。

7.2.3　CPS 与工业互联网平台的融合

从概念上说，CPS 的本质是 3C（Communication、Computing、Control）技术，即通信、计算、控制技术的有机融合与深度协作。在工业产业快速发展和信息技术快速变革的时代背景下，CPS 具有新的内涵、认识和更加重要的意义，尤其在“工业互联网”这一概念出现之后，CPS 有了新的平台载体。这体现在，泛在连接带来装备使用与环境交互性增加、群体活动之间关联性增加、复杂系统决策和优化的不确定性增加，形成了一个人、物、环境之间协作、交互、影响的复杂体系，而传统手段难以应对复杂体系的涌现问题和不确定决策问题，这促进传统工具向智能工具转变，从基于经验做决策向基于数据和算法做决策转变。CPS 在其中发挥了信息传递自动化、决策自动化的重要作用，如图 7.8 所示。

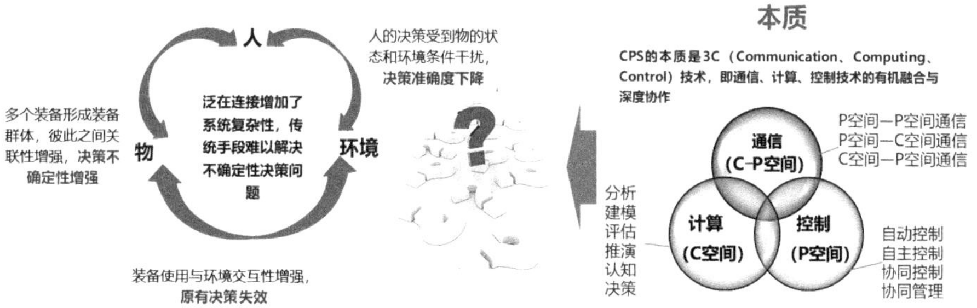

图 7.8　CPS 在工业互联网的作用

在 CPS 的“自感知—自记忆—自认知—自决策—自重构”架构中，其技术实现上包括了五个层次，即

（1）可视（Visualization），如对于船舶装备来说是船舶关键设备与系统运行机理的可视化再现；

（2）可知（Perceivable），如实时获取运行数据、环境数据、活动数据，定量评估当前的安全性、经济性、可靠性状态；

（3）可测（Predictable），这里面指的是可预测，因为智能化核心需要解决的基于预测的决策问题，如能够基于认知模型进行装备状态的诊断、推演与预测；

（4）可控（Controllable），包括工业设备与系统的自主控制，如对于船舶而言的自主避碰与自主航行；

（5）可优（Optimizable），即能够考虑到除了使用、维护、管理的优化外，还包括了装备所在产业链、生态链的协同优化。

由此，在工业互联网平台支持下，依据复杂程度，可以实现 CPS 的四个系统智能等级（见图 7.9），即：第一层级为依靠人处理已知且已解决的问题；第二层级为依靠人和机器处理已知且已解决的问题；第三层级为依靠人和机器处理已知但未解决的问题；第四层级为依靠机器处理未知的问题。最终，工业转型升级需要依靠体系设计带动生态自重构，需要以平台为核心实现集成控制，需要通过多样化应用激发产业活力，因此，CPS 是工业互联网的重要实现形式。

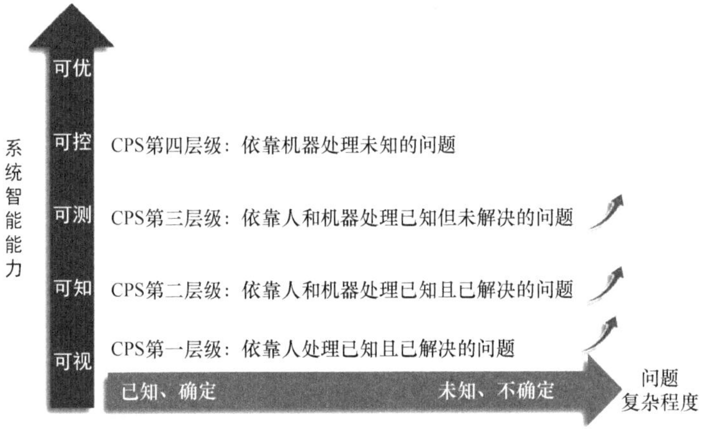

图 7.9　CPS 的四个系统智能等级

对于工业互联网平台的 CPS 实现形式，同样根据前述，可以从技术维度、组织维度、价值维度进行表示，即：在技术维度，以认知为核心，实现基于预测的决策；在组织维度，需要形成一个包含智能装备、智能系统、智能社区的复杂系统乃至体系，以 CPS 的智能应用发挥核心作用；在价值维度，CPS 是工业体系效能实现的最佳载体，数字孪生和规则引擎基于 CPS 的产品化工具和方法，从而进一步实现工业生态的效果增加、效率提升、效能增强。基于 CPS 工业互联网的效果如图 7.10 所示。

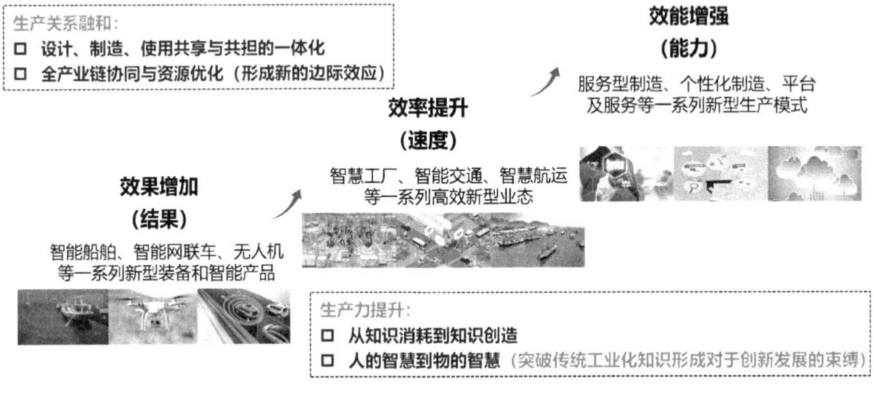

图 7.10　基于 CPS 工业互联网的效果

7.2.4　工业互联网的核心是规则引擎

工业互联网的本质特征是连接与集成，也就是规则引擎中的三层规则执行器，把复杂体系的宏观、中观和微观连接成为一个适应性的体系；通过CPS、数字孪生等智能技术的引入，构建的上位、下位规则生成器，通过认知可以把隐秩序转换成显规则，基于预测的决策实现精准的控制，从而完成对工业“强弱两链”的赋能，提升工业体系的整体效能。

1.“补短板”

工业互联网能够增强企业对于关键的生产、检测、计量数据的采集、管理、积累和应用，通过建立工业基础数据库，从而在底层数据基础上提升企业的创新能力，工业宏观的感知力，进而帮助关键基础技术和产品相关的工程攻关。

另外，工业互联网平台能够汇聚一大批优秀的工业软件应用，特别是一些关键设计工具软件，能够有效提升企业的设计开发能力。不仅如此，工业互联网有效地连接行业与产业、产业与 IT，针对工业企业特有的问题，大幅提升问题解决的效率，有利于产业共性技术的供给。

2.“锻长板”

通过对产业链供应链的数字化赋能，更好地连接客户与供应商，工业互联网能够有力地推动传统的生产型制造向服务型制造转变。

工业互联网的连接与集成能力是工业智能化的重要基础。从两个层面来看，首先是智能制造，连接是其发展的核心基础能力。其次是制造过程智能化，连接与集成能够为新的制造模式提供基础，例如个性化定制、众包设计、云制造等，并推动形成基于消费需求动态感知的研发、制造和产业组织方式。

从质量的角度看，完备的产业链供应链连接能力，能够保证企业在线的质量追溯能力，从而为建立全生命周期的质量管理提供了必要条件。另外，数字化的赋能不仅从微观的设备角度，而且可以从中观的系统集成和宏观的产业链协同角度，加快了制造业的绿色改造升级。

3.“强企业”

工业互联网能促进大中小企业协调发展。大企业能更加关注附加值较高的产品设计与品牌建设，特别是供应复杂度较高的产业，例如航天、船舶等，通过对产业链、供应链的数字化整合，以专业分工、服务外包、订单生产等多种方式，与中小企业建立协作，从而提升整体效能。另外，中小企业亦获得了市场机会，同时也是其提升专业能力的重要契机，以形成自身核心竞争力。从而，有利于培育一批“专精特新”小巨人企业和制造业单项冠军企业。

另外，工业互联网也有利于生产性服务业发展，便捷的连接能够充分打通第三方物流、检验检测、电子商务、服务外包、融资租赁、人力资源等一系列支撑行业与服务业，从而支持制造企业做优做强。

综上，推动产业基础高级化，产业链现代化，增强产业链、供应链的自主可控能力，核心就是要重视工业互联网的发展。

7.3 行业型工业互联网平台实践探索

基于前文提出的 V++三层规则模型和规则引擎，以及对 CPS 与工业互联网的理解，我们给出了行业型工业互联网平台实践案例——“旗云 MaaS”，面向船舶等典型重资产行业的工业互联网平台。

7.3.1 “旗云 MaaS”平台是支撑“强链和补链”的规则引擎

2020 年，新冠肺炎疫情的冲击对我国产业链、供应链是一次实战的压力测试，我国强大的动员组织和产业转换能力，彰显了国家体制和产业完备的巨大优势。与此同时，在复杂的国际形势下也暴露出我国几十年的工业发展在产业链、供应链上还存在一些不均衡的现象，因此，促进产业链、供应链稳定发展将成为我国“十四五”工作的重心。为此，工业和信息化部提出了针对产业链、供应链的“强链和补链”理念。所谓“强链”，就是进一步锻造长板，让长板变得越来越长，增强我们的发展主动权；所谓“补链”，就是补齐我们的短板和弱项，确保关键时候不“掉链子”。

笔者结合在船舶行业的多年实践，认为“强链和补链”理念的提出恰逢其时，精准有效。总结十年来智能船舶市场孕育和发展的经验，不难看出“平台化”概念的建立对于工业“强链和补链”起到了非常积极的促进作用。首先，“强链”和“补链”不应相互孤立，而应相互交融，互相促进，仅靠单一技术、产品的提升，不能对产业链起到撬动、引领、带动的作用，只能是强“点”而不能是强“板”，在真正面对国际市场联合竞争时，依然难以坚持到最终胜利；而供应链如果不能有效整合，尤其在弱项、短板比较集中的领域，则需要有组织攻关，让地方企业形成合力，从而发挥“强板”的集群优势，在双循环格局下面对国际竞争全面发力。

船舶行业作为我国工业体系的缩影，经过几十年的发展，产业链完整，供应链庞杂，造船总量位居世界第一，但是由于长期以来没能基于复杂工程体系的思想进行两链生态的构建，导致“船壳经济”问题长期存在，尤其是核心技术和高附加值装备的缺位，利润规模和质量较低，大而不强。船舶行业是中国制造 2025 的十大重点领域之一（海洋工程装备及高技术船舶），是国际竞争最为充分的行业，因此，船舶行业对于供应链、产业链的感受最为敏感，对于“强链和补链”期盼已久。

基于对工业体系的分析和工程体系原理方法的认知，我们知道两链的构建不可能确定有中心控制的模式，而是应该确定基于规则的适应性机制，只有让规则透明，才能让产业链、供应链上下游的各类企事业、各种所有制形式的单位，基于规则合作，否则要么是计划经济的“一统就死”的行政指令，要么就是“一放就散”的无合作散沙。

震兑工业智能科技有限公司，简称“震兑”，是在国务院国有资产监督管理委员的主导下，中船集团和中信集团响应央企混改号召，携手创立并在深圳落地的工业互联网平台型企业，以船舶工业为主业，立志成为船舶产业链引导者和工业智能的赋能者。震兑的技术团队脱胎于中船集团信息与控制板块龙头企业，该团队在 2010 年首次将“工业大数据”“工业智能”等概念引入海军装备领域，成为我国海军装备健康管理专业的奠基者。他们研发的健康管理系统已经在所有水面舰艇列装，投身智能化船领域后，震兑的基于 CPS 技术框架的智能船舶平台和能效管理系统已经远销全球十几个船东的百余条主力船舶，市场占有率全球领先。目前震兑正在打造世界首个基于 V++三层规则的生态工程体系的规则引擎，正是解决两链去中心化基于规则的工业生态，其前景和意义必将载入史册！

7.3.2 “旗云 MaaS”平台的规则执行器

首先，在装备端的平台重在集成。在高端装备领域，集成平台向下集成传感器和设备，向上集成工业软件和智能服务，而伴随装备智能化发展的需要，综合管控平台的出现进一步整合了控制系统、工业数据和算法，不但推进了硬件标准化、系统软件化，也为“长板”带动“短板”提供了条件。通过平台的软硬件解耦与智能化集成，不但提高了龙头企业产品的附加值（从卖装备到卖服务），也降低了产业链中小企业产品研制和推广的门槛（避免重复制造），在高端装备智能化的国际竞争中，为我国产业链企业形成合力占领先机创造条件，既能“强链”又能“补链”。

其次，在企业端的平台旨在连接。一方面，行业互联网平台能够打破地区与限制，成为产业链上下游之间连接的纽带，而数字孪生技术和平台层工业软件工具的注入，更为行业知识沉淀、以知识的流转替代数据的流转创造了条件，促进了行业信息技术、新能源技术与传统制造业的深度融合，以及核心软硬件、设备及零部件的自主创新。另一方面，从我国工业布局地图来看，各地区供应链企业呈聚集性分布，区域互联网平台是构建区域性连接的纽带，以云技术和服务的形式大幅降低企业信息化建设的初始成本，帮助地方政府实现区域内资源统筹和优化，提升供应链中的中小企业的国际竞争力和议价权，让短板不短，既能“补链”又能“强链”。

笔者提出的 V++三层规则模型，既是解决装备从设备到系统到服务的不同层次集成，也是解决产业链供应链不同区域、不同种类企业互补连接的工具，基于规则的适应性机制构建了船舶行业新的去中心化的产业生态。

7.3.3 “旗云 MaaS”平台的规则生成器

在构建规则生成器的过程中，震兑结合自身多年来舰船平台信息领域军地协同技术优势，在造“好船”、“好造”船、“用好”船三大领域开展智能化探索与实践，在“旗云”工业互联网平台中针对船舶行业的场景落地，制定了规则生成器的三个实施步骤。

（1）造“好船”：震兑凭借在舰船平台信息领域几十年的沉淀和数字孪生的自重构能力，第一步以打通设备、软件和服务的壁垒为目标，牵头承研了智能船 1.0 集成平台和智能船测试验证平台，突破了装备运行与维护核心技术，打造了第一代智能船舶综合管控平台，积累了大量实船数据和行业知识，以互联网思维下“产品+服务”模式广泛开展了船舶智能化基础设施建设，震兑船基信息平台已经成为覆盖船型最广、交付船舶最多、管控资产最高、智能应用创值最大的船舶新型基础设施，有力推动了船舶行业的智能化转型。

（2）好“造船”：震兑依托造“好船”过程中“产品+服务”运营模式下数据的积累和行业知识的沉淀，第二步以打通船厂、设计院、研究院、船配厂、船级社等船舶产业链用户为目标，利用 V++三层规则模型和虚实映射技术，连接产业链两端，把运行环节实时信息和要求反馈到制造环节，为船厂数字化转型提供解决方案，帮助制造端用户通过内控外联，实现供应链管理优化、质量控制及船舶全生命周期数据管理。目前，震兑已经与诸多船厂达成战略合作协议，并在 2020 年船用设备远程运维平台中承研船基平台和岸基平台研制，进一步连接了造船厂和船配厂等产业链、供应链企业。

（3）“用好”船：震兑主动贴近后端服务市场，第三步以打通船东、船管公司、租赁、保险公司、港口政务等供应链物流为目标，基于两端两云的架构，提供智能船舶运行与维护系统岸基管理系统，实现船舶用户 7×24 小时远程监控下的岸海一体化管理。为航运企业提供数字化转型解决方案，通过内控外联实现降本增效及组织体系效能的提升。两者结合下，通过装备升级使用户管理能力和服务水平的提升，进一步促进智能装备端的升级和市场规模扩大，已经与诸多船东和租赁公司等企业的运营管理系统进行集成，将智能化带入了航运管理。

基于船舶行业的探索与实践，震兑整合并推出基于规则引擎的“旗云 MaaS”工业互联网平台，凭借自身在重资产装备领域的积淀，以装备为核心抓手，以智能技术为基础，以创值为目标，连接各用户，打通供应链、地域链、销售链和价值链，向工业界推行“两端两云”的技术架构，为钢铁、烟草、能源企业提供智能化解决方案，已经在烟草和钢铁行业中引起广泛关注。

工业是一个国家的重要命脉，工业也是人造工程体系最密集的领域，工业的升级是国家可持续发展的根本保障，也是我们科技工作者的历史担当。我们在智能船的实践中逐渐对工业体系、CPS、数字孪生有了更深刻的认识和理解，幸运的是我们在实践中还不断地发现隐藏的秩序，而且不断地在学习中使之转化为显性规则并开始广泛应用。

CPS 是一个里程碑的启发，但也是需要不断认识和开发的金矿，而我们提出的 V++规则引擎就是基于 CPS 和数字孪生技术实现人造工程体系构建逆熵体的核心方法和工具。规则引擎的提出与使用，是生态工程体系演进的一个重要创新，它是霍兰教授 CAS 理论的一次重要发展和实践探索，是用规则驱动人造体系的物质无机与生命有机的完美结合，是用适应性机制使工程物质系统的熵增转换成生态有机体系的熵减的一次重要创新。

第8章

智慧海洋工程基于 V++规则引擎的生态体系设计

航母工程以及智能船舶体系的实践与系统科学的认识和提炼是在工程、技术、科学无首尾逻辑的思想指导下，相互促进、互为条件、迭代优化而慢慢发展起来的,无论是 V++的提出,还是规则引擎的设计都很好地印证了“实践是检验真理的唯一标准”这句话。为了让人造工程体系的理论得到更多的检验，我们有必要在理论方法总结之后，让它们再回到实践中去。

8.1 智慧海洋工程是最典型的工程体系

8.1.1 工程的背景

我国迎来“大海洋时代”，习近平总书记在十八大报告中要求“关心海洋、认识海洋、经略海洋”。党的十八大报告中明确指出，提高海洋资源开发能力，发展海洋经济，保护海洋生态环境，坚决维护国家海洋权益，建设海洋强国。这是中国特色社会主义事业的重要组成部分，也是我国几千年历史长河中第一次提出海洋强国战略！

海洋强国战略的提出有其深刻的历史背景。经济全球化加速，我国已成为全球第二大经济体，深度融入世界；革命性的工业 4.0 时代来临，各国均面临工业转型升级的机会和挑战；地区动荡和矛盾不断，呼吁共同参与全球治理，共建人类命运共同体的呼声高涨；我国“一带一路”倡议的起始点和交汇点主要都是海洋中心城市，海洋开发的新时代正在来临。

实施海洋强国战略是国家在政治、经济、科技和社会发展等诸多方面的需求所致。

政治安全：向海洋拓展安全纵深，全球战略投送，维护海外利益，参与全球治理。

经济发展：经济转型发展，需要“走出去”，依托“一带一路”构建我国的全球经济体系。

科技进步：通过探索“高边疆、远边疆、新边疆”，进一步推动科学技术创新发展。

社会繁荣：通过海洋活动，激发全民探索、创新、协作意识和拼搏探索精神。

针对国家的需求，笔者在自己多年系统工程实践的基础上，在领导、专家和同事们的支持帮助下，仔细研究了海洋强国战略的内涵和海洋经略的特点，设计提出了“智慧海洋工程”方案设想，得到了习近平总书记的批示认可，并正式列入国家“十三五”规划。

8.1.2　智慧海洋工程的内涵

海洋的自然特点是广阔、分散、环境变化大；活动特点是涉及国家、行业、个人多个层次，军、警、民多个主体，只有在海上建设信息互通、资源共享的基础设施，军民一体、平战结合的协作机制，才能集约好资源，经略好海洋。

为此我们提出的海洋经略要点是“信息主导，体系建设”。海洋发展关系到国家政治、经济、军事、科技各个方面，所以全民都应该关心海洋；只有全面、准确、及时地获取海洋各类信息，才能做到认识海洋；运用系统工程的思想，采取体系设计的路径和 CPS 等新技术的应用，通过挖掘信息、交流知识，才能提升海上安全、管控、开发的能力，实现经略海洋的目标。为此，我们提出了如图 8.1 所示的智慧海洋工程战略架构。

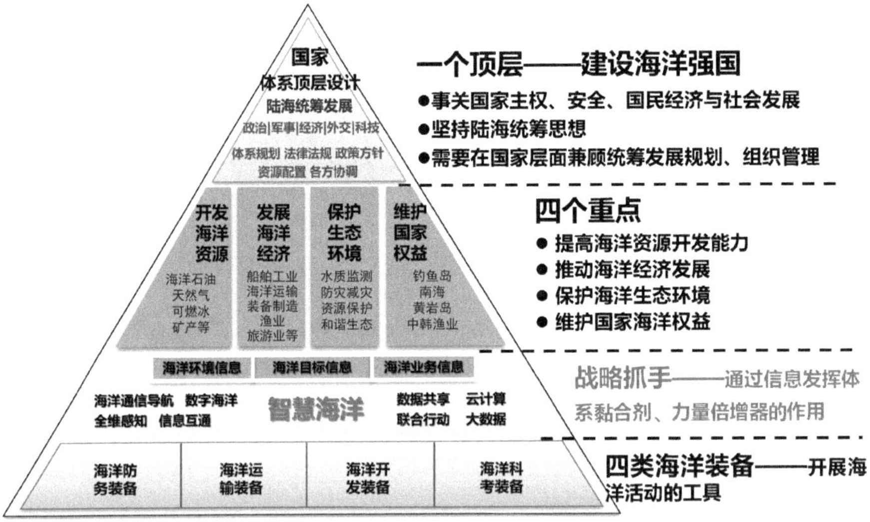

图 8.1 智慧海洋工程战略架构

8.1.3 智慧海洋工程的实现路径

智慧海洋工程不是从零开始的，也不是高不可及的。海洋的数字化工作是伴随着科学技术的发展而发展的，在互联网、CPS 和大数据的时代，为智慧海洋的实现提供了技术基础；而人类无论是生存还是发展，开发海洋、利用海洋的需求也是前所未有的。智慧海洋工程的实施路径如图 8.2 所示。

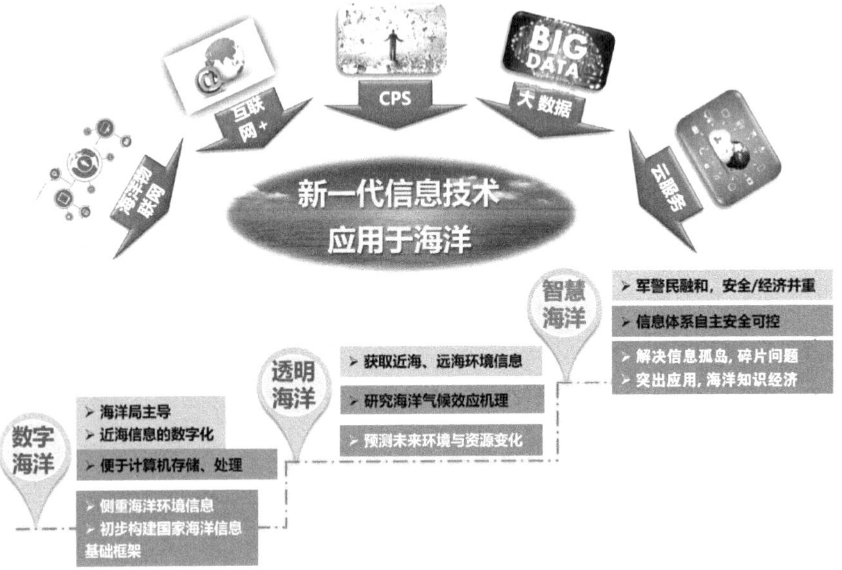

图 8.2 智慧海洋工程的实施路径

在数字海洋的时期，我国只是对近海、浅海进行了信息化开发，并主要局限在海洋环境信息；在透明海洋的规划中，开始走向远海，并加强了海洋物理、海洋资源和海洋气候机理和预报的研究，但是也是以海洋自然信息为主的；在智慧海洋时代，真正开始了以国家海洋强国战略为指导、以海洋知识经济为牵引、以整合碎片化信息为重点、以军地协同为保障、以数字孪生的智慧海洋工程为抓手的生态工程体系。

8.2　智慧海洋工程基于 V++的生态全景构建

8.2.1　海洋治理体系全景设计

地球上海洋面积占整个地球面积的 71%，各大洋之间连通在一起，形成一个超大尺度的复杂巨系统。海洋治理体系关系到国际政治、海洋军事、海洋权益、海洋环境、海洋工业、海洋农业、海洋资源以及海洋科学研究等各个方面。但这些业务领域的对象只有一个，那就是立体的海洋。因此从国家层面构建海洋治理体系，需要统筹好各业务部门的协作关系，既要防止重复建设，又要避免体系短板。我们可以借鉴复杂工程系统以及生态工程体系的理论和方法来指导海洋治理体系的设计和建设。

要想全面、整体地描述海洋经略战略，以及不同粒度的主体和活动，运用笔者在前面提出的 V++三层规则模型依然是最佳选择。

宏观层：陆海统筹的国家海洋治理，海上丝绸之路，军地协同的海洋权益和集研究、开发、建设、保护于一体的海洋文明。

中观层：海洋资源、海洋经济、海洋环境和海洋权益的行业建设，区域协同、产业协同、环境协同和国际协同的合作机制，技术引导、行业规范、监督执法和权益保护的保障体制。

微观层：活跃的数字孪生体支撑数字海洋，机理和关联的隐秩序挖掘实现透明海洋，隐秩序向显规则的价值转换实现智慧海洋。

8.2.2　海洋治理体系建设的要素设计

1．海洋治理的能力设计（C）

能力是完成一项目标或任务所体现的综合素质和指标。海洋治理体现的是海洋资源开发与利用的能力、海洋经济及开发能力、海洋环境保护的能力和海洋权益维护的能力及公海资源的开发和共同安全维护的能力。海洋治理应符合国家的海洋战略和国际海洋公约的规则，并将海洋战略分解到国家在海洋治理方面的能力需求，作为构建智慧海洋治理体系的目标输入。

2．海洋治理的架构设计（A）

架构是复杂系统内部主体之间的联系。海洋是立体空间、共享空间和互动空间，海洋治理体系架构涉及海洋治理的业务领域、组织机构以及二者的映射关系和组织之间的协作关系。就业务领域来说，按大类分，海洋治理基本可分为海洋资源、经济开发、环境保护和权益维护四个方面，涉及海军、海警、海洋局、海洋国家实验室以及各级研究机构、海洋技术研究与工程建设和运营维护的相关企事业单位等。

3．海洋治理的模型支持（M）

模型是指对现实世界的抽象描述。我们无法对每一寸海洋都进行感知，所以基于预测的决策就要求对海洋进行一定的模型表达，尤其在数字孪生建设中更是不可缺少。通过研究海洋地质、洋流运动、气象与生物演化以及海洋活动的各类主体等领域的科学规律，建立相应的数字化模型，支撑海洋科学研究以及海洋的智慧化治理。

4．海洋治理的流程设计（P）

流程是复杂体系人、机之间，机、机之间以及与环境的交互与协作的过程。海洋无论是自然活动还是按照人类的活动，体现的都是时间空间、坐标上的运动，尤其是多主体的协同，更需要流程贯通。海洋治理中的经济开发、环境保护与权益维护也需要建立规范的工作流程，以提高工作的合规性与工作效率。

5．海洋治理的生命力设计（S）

生命有机是工程体系提升自身智能的自学习自认知的能力。不仅是海洋里的生物，海洋本身也是有生命的，所以要按照生命体去认识海洋、维护海洋，类比自然界生命有机系统的有机特性，通过制定一定的规则，采用一定的控制机制、技术框架与技术手段，在海洋治理体系内构建一种生命有机系统才具有的能够自我学习、自我提升的适应性演进机制。

6．海洋治理的环境支撑（E）

环境是复杂体系适应的对象，包括外部自然环境，也包括工程体系外部交互或对抗的人造环境，同时海洋治理环境还包括政治环境。所以说，在构建海洋治理体系的同时，既要考虑治理体系本身与其运行环境之间的交互关系，也要关注国际合作以及利益攸关方的协作和制衡。

7. 海洋治理的数据驱动（D）

数据驱动也可称作数据密集型发现，是一种通过关联找出因果的新科学范式。建立统一的海洋数据库与模型库，一方面便于国家统筹计划安排海洋数据采集的工程建设，另一方面便于对海洋数据的集成融合与应用，并为建立海洋领域的科学模型提供便利。但是，所谓的统一，不是由一个部门建设，也不是数据放在一个地方。国家层面可建立基于区块链的海洋数据交易与共享机制来协调各部门之间在海洋数据方面的利益，同时强调海洋数字孪生的构建与应用，并通过虚实映射的 CPS 架构，实现对海洋科学规律的隐秩序挖掘，并最终支撑对海洋的智慧化治理。

为实现上述海洋治理目标，我们依据前面设计的海洋治理的核心要素和复杂体系 V++全景描述工具，提出了智慧海洋治理体系 V++全景设计图，如图 8.3 所示。

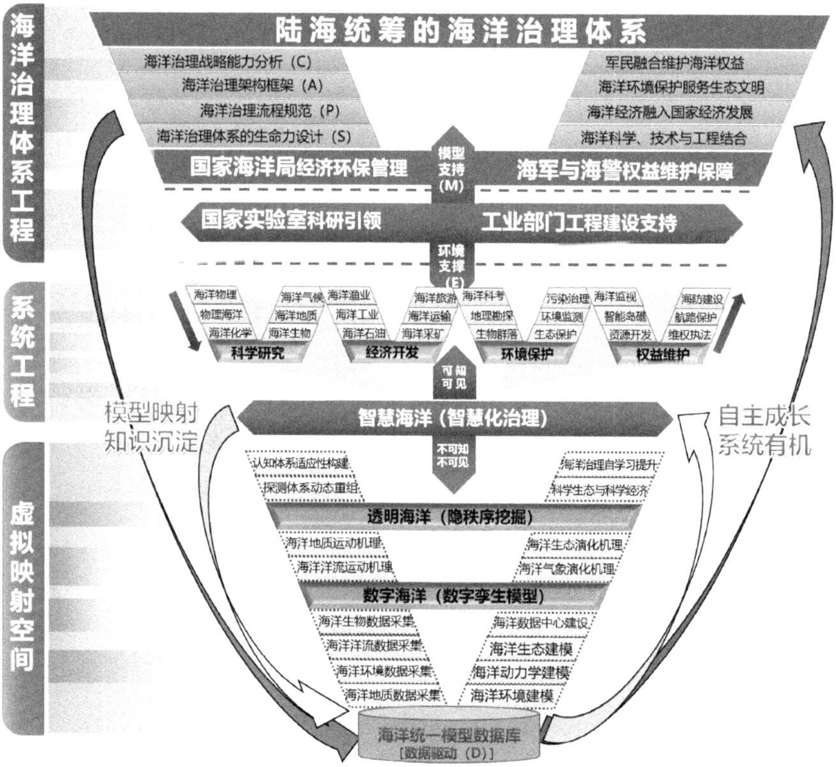

图 8.3　智慧海洋治理体系 V++全景设计

8.3 智慧海洋工程基于V++规则引擎的生态演进

智慧海洋工程是个典型的多主体参与、多领域协同、多规则共管的工程体系。九龙治水只能越治越乱，但是九水归一就成为一潭死水。因此，智慧海洋工程的建设，也必须从复杂性生态体系的原理和方法入手，从解决复杂性科学的角度用V++工具，如前所述分层次地对海洋的整体进行全景描述，并根据不同层次的要求加载相应规则，并在规则执行器和生成器的作用下发展演进。

智慧海洋生态体系构建阶段，在宏观层加载的是有利于集中和稳定的规则，在中观层加载的是中规中矩的行业条令规则，在微观层加载的是有利于海洋各主体活跃规则。

智慧海洋生态体系的演进阶段，需要在三层之间设置规则生成引擎，以利于隐秩序向显规则的价值转化、虚界与实界的互动和基于预测的决策，进而使海洋生态体系向更高智慧和更好秩序涌现。通过海洋治理体系V++模型中三层规则的执行器引擎加载，构建海洋治理体系的适应性机制；通过V++模型中两个“+”的规则生成器引擎的加载，实现海洋治理体系的自学习成长，最终达到海洋的智慧化应用和经略化治理的目标。

为实现海洋的智慧化治理，就必须挖掘出海洋中蕴含的科学规律，需要首先通过数字海洋工程广泛动态采集海洋原始数据，如海洋生物数据、海洋洋流数据、海洋环境与气象数据及海洋地质数据等。再借助于大数据分析技术，建立海洋的数字孪生模型，以上内容可通过数字海洋工程来实现。然后通过对海洋数字孪生模型的运行与研究，提炼出海洋科学各领域的运行机理，提升人类对海洋的认识，这些内容可通过透明海洋工程来实现。最后在对海洋科学充分认识的基础上，全面提升海洋探测与海洋认知能力，运用科学理论来指导海洋经济开发与海洋生态保护，以达到海洋智慧化治理的目标。

这里，规则的生成是智慧海洋持续发展的核心，而规则是在对隐秩序的挖掘和学习中不断显现的，所以关注逆熵体的知识发掘与运用是智慧海洋工程建设的关键，而借助逆熵体构建三个可运营的业务平台则是智慧海洋逆熵体构建出来后，应该积极推进的实践探索。

8.3.1　海洋数字孪生信息基础平台

这对海洋信息的统一和共享，仿照陆上地理信息系统的构建和运用，延伸至海洋。在三维 GIS（地理信息系统）平台技术发展的过程中，融入 BIM（建筑信息模型）技术，将各类物品 3D 模型融入 GIS，实现“数字孪生”。BIM 连接了建筑生命周期不同阶段的数据、过程和资源，从设计、施工到运维都是围绕 BIM 的单体精细化模型来进行的，注重于微观领域中建筑内部的设计与实现；而 GIS 则一直致力于宏观地理环境的研究，同时具备处理和分析宏观地理环境中地理数据的能力。对于 BIM 来说，三维 GIS 可基于周边宏观的地理信息，提供各种空间查询及空间分析等三维 GIS 功能，为 BIM 提供决策支持；而对于三维 GIS 来说，BIM 模型则是一个重要的数据来源，能够让 GIS 从宏观走向微观，实现对建筑构件的精细化管理；也使 GIS 成功地从室外走向室内，实现室内外一体化的管理。

BIM 与 GIS 集成应用，是通过数据集成、系统集成或应用集成来实现的，可在 BIM 应用中集成 GIS，也可以在 GIS 应用中集成 BIM，或是 BIM 与 GIS 深度集成，以发挥各自优势，拓展应用领域。这两个技术整合以后的应用领域很广，包括城市和景观规划、城市交通分析、城市微环境分析、市政管网管理、住宅小区规划、数字防灾、既有建筑改造等诸多领域，与各自单独应用相比，在建模质量、分析精度、决策效率、成本控制水平等方面都有明显提高。

海洋数字孪生信息基础平台的建设首先要通过构建固定和移动的海上信息基础设施，利用雷达、声呐、舰艇、民船、卫星、飞机等实现对海洋的多维度的状态感知，实现全方位的海洋探测感知信息接入，实现多源异构数据、地理空间数据、海洋气象数据、海洋水文数据、海上态势数据、海域使用数据等的感知和获取。

其次，要对获取的数据和信息进行智能处理，快速、智能地解译海量异构数据的高精度融合，并在数据的存储上提供海上、岸基的分布式和高效便捷的数据共享机制，同时要实现安全可靠的通信，确保基于多种通信链路的数据安全联通和交互。

最后，在基于三维地理空间的高级可视化技术上实现空间可视，进而提供智能分析和支撑创值服务。

海洋数字孪生信息基础平台建设的核心是构建一套专用硬件系统支撑

的多源数据资源共享服务平台（见图 8.4）。该平台需涵盖从数据获取、数据承载、数据处理、数据可视化到应用和服务开发的全流程，并在统一的数据、服务承载框架基础上，对数据资源、服务资源和系统资源进行组织、管理、调度、共享和维护，并能够在此基础上搭建各种上层应用服务，实现数据、服务、应用与平台的有机结合。平台应具备数据存储、管理与服务、服务和应用的集成以及二次开发和数据可视化的能力、业务扩展支持能力、高质量的多源（陆、海、空、天、网等）数据接入能力、对全国产软硬件系统的适配能力、深度学习能力等，以提高数据分析、管理能力和使用效率，为满足海洋各类业务化需求提供技术支撑。海洋数字孪生信息基础平台主要分为基础数据分系统、大数据承载与共享服务分系统、大数据处理平台、大数据二三维可视化平台四个模块。

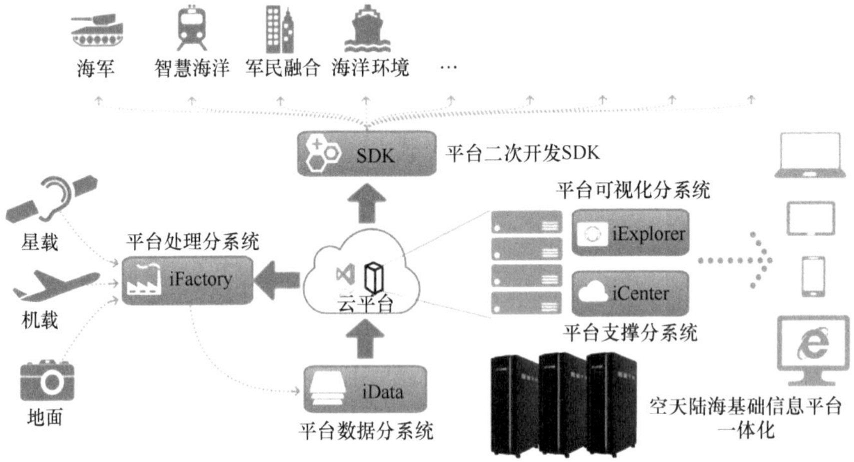

图 8.4　海洋数字孪生信息基础平台逻辑架构图

对应 V++三层模型，该平台应该设计在逆熵体的最底层，作为孪生数据和模型的基础层，是实现数字海洋的保障。

8.3.2　装备即服务（MaaS）的工业互联网平台

构建装备即服务（Machine as a Service，MaaS）的工业互联网平台，提供装备使用、维护、保障和生产经营的服务，并运用知识图谱、人工智能的技术，实现知识挖掘、隐秩序的发现以及新规则的生成，支撑逆熵体“透明海洋”的加速迭代和体系赋能。

针对智慧海洋生态体系信息高效处理的发展需要和任务需求，瞄准构建

“海洋大脑”的远景目标，建设装备即服务（MaaS）的平台，通过在该平台加载装备端和管理端的规则生成器引擎，构建知识平台，通过对群体装备之间协调运行的隐秩序的挖掘，结合活动空间、环境空间交互数据，构建出海洋装备体系环境态势适应性机制。一方面学习海洋装备数字孪生的知识，发现新的规则；另一方面服务、积累系统使用经验，提出更好的策略，打通各业务系统之间的数据壁垒和知识隔离。“海洋大脑”的使命与原则由人赋予，决策的具体过程和方法由机器自动实现，着力实现以下三个目标。

1. 实现面向海量数据资源的高效数据降维和信息提取

随着信息对抗能力的不断提升，陆、海、空、天、潜等全维探测手段，搭载各类平台，实现我国领海广泛覆盖的侦测能力，产生了海量的数据资源。随着探测手段和基础设施的建设不断完善，数据量将会持续增长。从原来的“信息缺乏”演变为由海量混杂信息引发的“信息淹没”。即使通过传统计算机程序辅助人类思维也不可能处理或理解这么多信息，而是要通过认知系统，掌握大数据，并在混乱中发现模式和见解。

2. 以认知的潜能突破数据局限、拓展信息价值

海洋信息感知对于信息获取的全面性和协同性具有很高的要求，突破认知技术，除了对已有数据和信息进行分析，以提高系统的智能能力外，还能够对赛博空间中已有的信息进行再解读和诠释，从而产生新的信息，进一步挖掘信息的潜能，突破数据的局限。

3. 基于两端两云框架实现软硬件资源支撑和决策控制的闭环

海洋信息感知要求认知与决策的实时性、精确性和敏捷性，需要强大的计算和存储能力作为基础。云平台能够提供动态、灵活、弹性、虚拟、共享和高效的计算存储资源，不同类别的信息对应不同的处理技术，为不同领域的任务需求提供实时的决策控制服务。

面向海洋信息感知与决策的任务需求，MaaS 平台是对所有典型探测对象、活动、环境的数据分析与挖掘、案例匹配与事件分析，进而实现深度的海量大数据挖掘分析、强大的状态评估与趋势预测能力、敏捷高效的决策支持能力，最终做到基于认知的全面综合管理与控制。MaaS 平台组成包括认知中心、决策中心和知识中心。

（1）认知中心，主要解决个体映射子空间、群体映射子空间、环境映射子空间和活动映射子空间的建设。个体映射子空间重点解决实体空间探测对象个性化特征相关知识的积累与成长，群体映射子空间重点解决实体空间探测对象共性化特征相关知识的积累与成长，环境映射子空间重点解决与实体空间对象的外部影响特征相关知识的积累与成长，活动映射子空间重点解决与实体空间对象的内部影响特征相关知识的积累与成长。

（2）决策中心，需要在对象数据模型的基础上，针对对象在环境中的活动状态，提取活动特征并进行关联分析，进而以推演、评估与预测为重点，形成多模型的协同知识推演规则，以多目标、多层次、多环节活动的优化协同为目标，构建推演决策模型，达成在复杂环境下的多对象的任务协同优化。

决策中心首先应重点解决基于知识的推理。赛博空间的主要优势在于不但可以映射出实体空间不易探测的关键特征，而且能够对特征未来的发展趋势进行推断和预测，从而能够及时准确地提供重要的分析和决策信息。其次，可根据分析目标，调用赛博子空间中的模型与知识，通过设计、配置和执行对目标进行推演分析，同时可对分析结论的可靠性进行评估，为决策的协同优化提供依据。最后，在评估的基础上，进行涵盖多目标、多层次、多环节的优化，以满足不同用户多决策层需求为目标，提供面向各类任务的决策支持。

（3）知识中心，解决知识的调度与管理问题，实现知识的有序传递、组织与应用，主要实现赛博–物理信息和实体空间内部的知识调度与管理，以及实体空间外部与GIS资源平台和区块链平台的知识调度与管理。

（4）MaaS平台的两端两云架构连接了控制端和管理端、本地云和远程云，通过对群体装备之间协调运行的隐秩序的挖掘，结合活动空间、环境空间交互数据，构建出海洋体系环境态势适应性机制，通过海洋数字孪生学习新知识，发现新秩序，创造新规则。

对应V++三层模型，MaaS平台应该设计在海洋治理逆熵体数据基础层的上一层，作为知识认知层积累学习经验，提供更好的策略，支撑“透明海洋”的实现。

8.3.3 基于区块链的海洋综合信息服务平台

海洋数据资源的收集处理、有序配置带来的高效协同是智慧海洋工程实现的关键基础。区块链技术具有独有的信任机制，是构建智慧海洋数据共享信任体系不可或缺的关键技术。通过区块链技术构建海洋信息共享机制，可以提高信息共享程度、提高信息的可信度和准确度，也是解决九龙治水的最好办法。作为一项新兴信息技术，区块链无论在技术发展程度上，还是在现实客观条件上，仍处在发展的初级阶段。同时，区块链应用还是一项系统工程，因此，必须结合“智慧海洋”实际应用场景，对基于区块链的信息交易进行系统化设计。

区块链是一种以密码学算法为基础的点对点分布式账本技术，首次从技术上解决了基于信任的中心化模型带来的安全问题。它基于密码学算法保证价值的安全转移，基于哈希链及时间戳机制保证数据的可追溯、不可篡改特性，基于共识算法保证节点间区块数据的一致性。区块链以其分布式、公开透明、安全等特性使人们可以在互联网上方便快捷、低成本地进行价值交换，是实现价值互联网的基石。

区块链技术的应用以比特币（Bitcoin）、以太坊（Ethereum）、超级账本（Hyperledger）等为代表，学者 Melanie Swan 在其著作《区块链：新经济蓝图及导读》中提出对区块链体系划分的办法，按照区块链已经完成的以及将要完成的功能划分为三个阶段[12]：区块链 1.0、区块链 2.0 以及区块链 3.0。比特币作为区块链最著名的应用，也是区块链最初始的应用场景，属于区块链 1.0 的阶段；而区块链 2.0 的重要标志是被金融界认可，在金融领域得到广泛应用形成的金融互联网；区块链 3.0 希望将区块链技术应用场景拓展到各个行业中去，支持广义的资产交互和登记，进入万物互联，设备民主的“区块链+”时代。

基于区块链的海洋综合信息服务平台已经是区块链 3.0 架构，不再局限于金融领域，而是为各种行业提供去中心化解决方案，利用区块链灵活的智能合约开发 SDK（Software Development Kit，软件开发工具包）、共识引擎及管理机制，为海洋信息的共享、交互提供底层服务及技术支撑。探索区块链技术在跨部门海洋数据共享领域的应用，实现跨部门合理开放共享和有偿使用数据资源，可以有效解决数据孤岛问题，这将具有巨大的潜在应用价值。

基于区块链的海洋综合信息服务平台能为智慧海洋各参与主体提供服务，包括涉海管理部门、科研单位、相关企业，甚至渔民等用户群体，因此需要根据业务特点选择合适的区块链类型。目前区块链根据其节点的访问权限不同可分为三种：公有链、私有链和联盟链，其主要区别如表 8.1 所示。

表 8.1　三大类型区块链的区别

特　征	公有链	联盟链	私有链
使用范围	任何节点	实体组织	实体内部
节点权限设定	享有全部权限	读取、交易可设定	限制
去中心化程度	完全去中心化	部分去中心化	中心化
进入与退出机制	完全自由	需授权	内部控制
记账人	任何人	参与者协商	自拟
交易效率	低	较高	最高
连接结构	扁平拓扑结构	多中心结构	中心化结构
节点存储	个人计算机	特定的服务器	特定的服务器
服务端点	无	若干	自拟
应用场景	比特币、以太坊等	超级账本	企业内部

三大类型区块链的核心区别在于访问权限的开放程度，或者称为去中心化程度。本质上联盟链也属于私有链，只是私有的程度不同。一般来说，去中心化程度越高，信任和安全程度越高，交易效率则越低。

超级账本（Hyperledger）是由 Linux 基金会主导的区块链开发平台项目。Linux 基金会主导超级账本的目标是一个商用跨行业的区块链技术框架，超级账本为新型分布式账本交易平台，增强商业应用的互信互任、公开透明、业务可追溯，并简化与商业流程相关的事务。除了超级账本外，比特币、以太坊等知名区块链技术也被广泛应用，这些框架的主要区别主要体现在区块链应用、共识算法、区块链形式、开发语言以及智能合约上（见表 8.2）。

表 8.2　主流区块链应用对比

区块链应用	共识算法	区块链形式	开发语言	智能合约
比特币	PoW	公有链	C++	否
以太坊	PoW/PoS	公有链/联盟链	GO	是
超级账本	PBFT	联盟链	GO	是

从上表可以看到，在共识算法方面，超级账本与主流的比特币、以太坊等有着不同之处，比特币和以太坊依赖的 PoW 和 PoS 共识算法本身依赖于“挖矿”，而“挖矿”实质是通过计算机进行高效计算，使电力资源转换为虚拟货币、虚拟积分资源。这种耗能巨大的共识模式显然不适合智慧海洋的使用场景。超级账本使用的 PBFT，即拜占庭容错算法，本身并不需要代币，而是以记账共识的形式实现资产转移。目前，区块链的代币分为两

种，除了“挖矿”，还有 ICO。ICO 借鉴了“众筹”的概念，但是 ICO 筹集的并不是法定货币，而是比特币、ETH 等虚拟代币，然而这些虚拟代币本身也是通过“挖矿”生成的。相比而言，目前的代币积分模式不适合应用于区块链的智慧海洋的使用场景，所以相较于依靠消耗大量电力挖矿产生代币的共识算法，无代币的 PBFT 模式更加适合智慧海洋工程的应用场景。

基于区块链的海洋综合信息服务平台的区块链网络主要采用联盟链网络模型，即各个组织拥有一个或几个区块链节点，没有中心节点。组织是指有能力在服务器上运行一个及以上区块链节点的一个或几个单位或者部门的集合。基于区块链的海洋综合信息服务平台基本模型如图 8.5 所示。

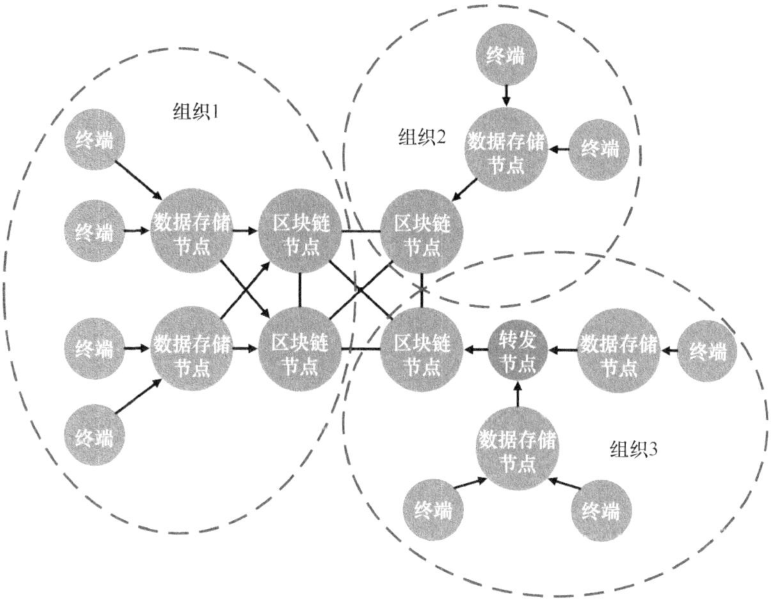

图 8.5　基于区块链的海洋综合信息服务平台基本模型

基于区块链的智能合约构建和执行可分为三步，首先是多方用户共同参与制定一份智能合约，然后通过 P2P 网络扩散并存入区块链，最后区块链的智能合约自动执行检查、验证、保存等过程。基于区块链的海洋数据共享流通的流程如图 8.6 所示。

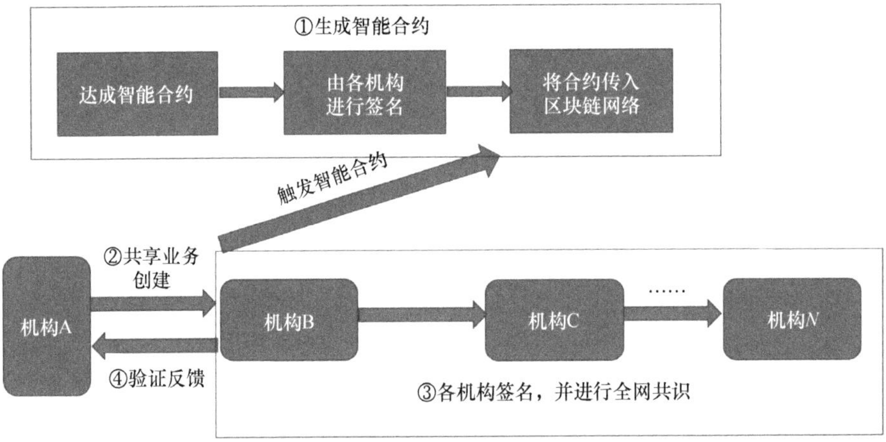

图 8.6　基于区块链的海洋数据共享流通的流程

1. 生成智能合约

海洋数据资源部门参与到区块链，每个部门都掌握一对公钥和私钥，保障其在区块链内的权限。各部门根据需要共同商定一份承诺，承诺规定了双方的权利和义务，然后承诺以电子化形式编程，转变为机器语言，各部门用各自掌握的私钥进行签名以确保合约的有效性。通过各部门的共同认可，选择某部门作为区块链的共识节点，由它代为执行将智能合约传入区块链网络中。

2. 共享业务创建

当机构 A 进行业务处理时，如数据的增加、删除，首先对其身份证明、信用状况等基本信息进行核实，然后利用私钥进行数字签名，制成共享表单并将数据块的概要（例如地点、时间、版权信息等）和数据详情的数字摘要存入区块链账本，区块链返回这个数据块记录在链上的唯一标志，并通过 P2P 网络扩散到整个区块链上的相关业务机构。

3. 各机构签名，并进行全网共识

当共享表单传播至全网时，每个机构都将收到的表单暂时缓存到区块中，只要有一个部门查询到以前该信息的共享表单，就把所有加盖时间戳的该区块记录的表单传播给全网，并由全网其他机构核对，最后生成共享总表单。

4. 验证反馈

通过区块链上的机构信息验证后，通过数字签名反馈给请求机构，对已

有信息进行提醒，避免重录信息，反馈残缺信息，揭发有误信息，从而使请求部门做出合理的决策。

5．带有激励机制的数据共享

网络中各方可以浏览区块链上各个数据块的数据概要。如果有人需要某个数据块的详情，可以向数据所有方发起索取请求。数据所有方同意后，将数据块发送给索取方，然后双方进行代币的转移。根据代币的数额，每隔一段时间各方进行一次结算。

6．支持跨链扩展

整合已有的海洋区块链的项目，建设互联链，将上述区块链和其他区块链项目接入互联链网络，实现区块链之间的信息交流。

对应 V++三层模型，基于区块链的海洋综合信息服务平台设计在海洋治理逆熵体的最上层，它也是由业务需求牵引技术基础，由基于区块链的去中心化实现资源交易共享的关键，是能够实现智慧海洋工程的机制保障！

8.4　智慧海洋工程的目标与意义

智慧海洋工程是人造生态工程体系的示范工程。只有把海洋宏观、中观和微观的三层规则进行不同粒度的整体性描述，并加载相应的规则，才能构建起复杂体系的适应性机制；只有形成数字海洋信息基础、MaaS 和基于区块链的智慧海洋综合信息服务三层平台的递进支撑，才能构建海洋的数字孪生，才能赋予海洋以生命；只有在三层规则之间加载上位规则生成器和下位规则生成器，才能最终生成智能引擎，才能共同构建起经略海洋的逆熵体，从而促进海洋的生态演进。只有这样，智慧海洋工程才能落地，经略海洋的目标才能实现。基于 V++规则引擎的智慧海洋工程建设目标如图 8.7 所示。

智慧海洋工程的建设可以预想在诸多领域实现创新和增值。

（1）构建新型国家海洋治理体系的一次创新。

（2）拓展蓝色经济空间，形成国民经济增长新动力。

（3）探索“互联网+海洋”，开创海洋平台经济发展新模式。

（4）支撑军警民联动，保障国家海洋安全。

（5）增强陆海并重的全民意识，促进全民参与海洋建设。

（6）践行“一带一路”倡议，通过海洋参与全球治理。

（7）生态工程体系方法、工具与理论的再验证和再发展。

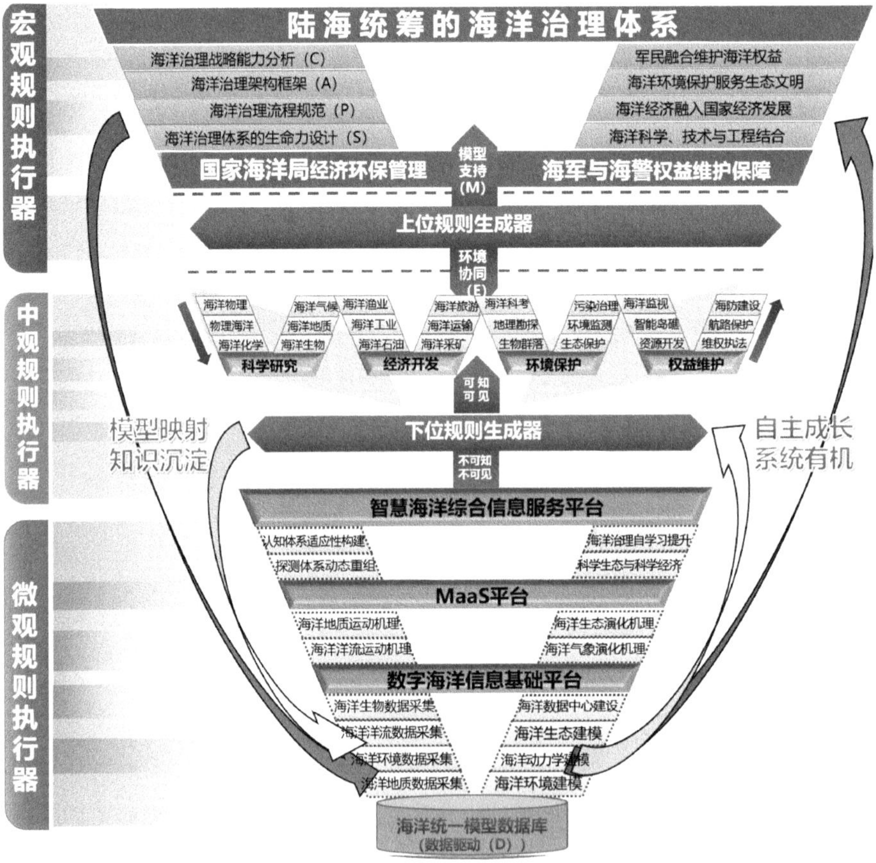

图 8.7　基于 V++规则引擎的智慧海洋工程建设目标

第9章

生态工程体系 V++规则引擎的应用展望

在系统工程的实践中，笔者对系统科学的复杂性问题进行了深入研究和总结提炼，提出了一套全新的解决人造工程体系复杂性问题的理论和方法，在航母工程实践中首次提出了全景描述复杂工程系统的 V++模型，并在智能船的实践中，提出了复杂工程系统演化到生态体系的方法和三层规则的秩序，进而在 CPS 技术架构和 V++模型的基础上，提出了人造工程体系演进的 V++规则引擎和由此构建的逆熵体，对复杂性研究和生态体系的构建与演化做出了积极的探索。

复杂性研究是当今一个热点和难点，虽然笔者提出的方法和工具是始于复杂工程系统的实践，演化到生态工程体系的总结，但是系统科学是有普适性的，无论是自然科学还是社会科学都有现实且迫切的需求，我们希望并相信这些理论方法在更广阔的领域得到推广和发展。

党的“十八大”以来，在以习近平总书记为首的党中央领导下，我国正经历着历史性的深刻变革，尤其是“十九大”习近平新时代社会主义建设的一系列治国理政的理论创新，开辟了马克思主义中国化的新境界，是马克思主义的中国当代原创，为中国特色社会主义建设的丰富完善指明了方向。如何学习好这些系统性科学思想理论，并转化为认识世界、改造世界的科学方法，并服务于自然科学和社会科学，给了我们这些复杂性研究学者一份责任，也是系统科学发展的难得机遇。

9.1 智能技术的进步正在改变自然科学的认知

以西方还原论为基础构建的实证科学体系，虽然在认识和改造客观世界的过程中发挥着不可替代的作用，但是随着对认识世界的不断深入，也催生着理论和方法的创新。系统工程理论一般认为是由系统论、控制论与信息论“老三论”为基础理论的，随着“新三论”，即耗散结构理论、协同论、突变论，以及后续发展的超循环结构理论、混沌与分形等的提出，使系统工程有了再发展的理论基础。“老三论”可视为研究系统构成的理论，“新三论”可视为复杂系统非线性理论。这些新理论、新方法的发现与运用，将“自组织”与“自演化”概念引进来，使工程系统开始向工程体系发展，使认识世界、改造世界的能力得到巨大提升的同时，也给传统的还原论科学体系提出了较大的挑战。

智能技术以深度学习、跨界融合、人机协同、群智开放和自主操控为主要特征。科技界和产业界普遍认为，新一代人工智能技术，将引发科学技术产生“链式”突破，带动“面上”的发展，带动各领域的创新能力快速跃升。它加速向经济社会各个领域全面渗透，重构生产、分配、交换、消费等各环节，催生新经济、新产业、新业态和新模式，对人类生产、生活方式乃至思维方式都将产生前所未有的深刻影响。

在因果论的还原论实证科学体系下，我们解决复杂性问题的思路只能是降维解析，而在智能时代的 CPS 技术架构下，可以基于数字孪生和规则引擎构建逆熵体，也就是自主有序演化的智能体；在宏观、中观、微观三层规则的架构下，我们可以全景描述并构建复杂体系；在规则引擎的驱动下，我们可以让数字孪生的虚体与物理实体实现映射，可以在迭代交互中建立、发现和利用隐秩序，进而转化为可以广泛使用的显规则，以驱动复杂体系的生态演进。

这是一个用科技可以让复杂的世界变得更加简单的时代，拥有七亿多网民的我国，可以用互联网创造出难以想象的应用场景和数据增值；这是一个数据比石油更加宝贵的时代，我国既是一个数据生产大国，也是一个数据使用大国，在数据催生关联、关联逆推原理的新方法中，隐秩序不断在关联中被认知、被利用，这些也许会对自然科学的认识和发展产生新的途径。

9.2 社会科学对复杂性研究的期待

国家治理对每个国家来说都是一件大事，而且是一件复杂的体系工程。国家治理主要包括治理体系和治理能力两方面，基础是治理体系设计，关键是治理能力建设。由于历史和文化的不同，东西方国家在治理方面也有很大区别，我国的国家治理思维是复杂思维、系统思维，西方的国家治理思维是逻辑思维、实证思维。

世界是开放的、复杂的，也是混沌的，但是混沌中又蕴含着稳定的规律性，当我们对系统的演化做动力学分析时，一个系统总是逐步趋向于一个唯一的极限状态。这种状态称为系统的吸引子。所谓吸引子，是指一个系统行为的归宿或系统去向的极限状态，如钟摆的中线位置。混沌的意义在于它是客观世界的终极存在，理解混沌才能更真切地理解我们的世界，而发掘系统混沌中蕴涵的稳定性规律是我们改造系统的一把钥匙。

国家治理是一个较大的体系工程，除了运用系统工程的顶层设计、平衡性设计、迭代验证以外，还必须克服带有体系新特性的“不可见、不可知、不确定、自组织和动态演化”等难题，从前面的分析和研究中，我们对解决复杂性、不确定性问题走过了一条从降维到升维的路，“体系”的概念也从工程体系发展到生态体系。生态体系的重点不仅要关注组成体系的外在特征，更重要的是发掘内在的规律和秩序，体系从静态走向动态，从无机走向有机，其本质原因就是生态体系具备生命特征。我们研究生态工程体系必须从生命力的角度加以关注，也就是说，国家体系的本质也是一种生态，体系的范围是弹性的，体系的主体是多元的，体系的核心是弱中心化的基于规则的演进，体系的发展是渐进式引导下的自主演化。我们依据前面总结的生态体系的特性对国家治理的特点进行分析，希望这些新的认识对我们推进社会科学的发展能产生积极的影响。

我国的历史延绵不断地延续了几千年，文化中固有的痕迹是无法磨灭的，无数人曾为它思考过，也基于不同的历史背景给出过答案。我们常说“皇权不下县”是古代中国政治形式的一种体现，但现在仍然存在着类似的治理现象。虽然现代科技已经相当发达，但是我们知道，我国自古就有的国家治理的三层立体架构，宏观层的集中使得大一统的国家得以延续；微观层的活跃，使得个体的积极性得到充分释放；中观层的中规中矩，既起到上情下达，也起到防火墙和缓冲区的作用，使宏观的稳定和集中与微观的活跃与分散得到有机的对立统一。

新中国成立以来，我们用共产党的集中统一领导代替了原来三层国家治理结构中的皇权，从而使宏观层更加科学、民主和稳定；智能时代，个体的数据被虚体不断映射，从而实现行踪的实时追溯，虽然个体会感到隐私泄露，但是对于大一统国家的治理，尤其是危机管理，得到益大于弊的有力验证。经济全球化下我国有目共睹的巨大发展，以及对新冠病毒的治理都充分证明了这一点。

西方的城邦文化提升了契约精神，并逐渐发展出三权分立的国家治理制衡机制，这种体制曾极大地促进了西方经济和文明的发展，但是对于大一统国家的治理，以及多民族的治理都是低效率的。欧洲的伊斯兰难民问题、美国的种族歧视和“驴象之争”问题，无不说明西方治理在经济全球化时代开始出现局限性和不适应。

这些东西方的治理演变可能有很多原因，但是背后的系统科学问题、复杂性问题都是社会科学人士应该分析和研究的，希望笔者的复杂性研究方法可以在这方面有所作为。

9.3 通向理论

除了抄袭，任何的创新在一开始都是稚嫩和漏洞百出的。在航母工程和智能船的实践中，有太多的领导、用户和同人从允许我们离经叛道的探索，到忍耐我们不断试错的实践，才慢慢让一粒种子开始发芽长大，我们备受鼓舞，更心怀感激！

在复杂性研究的道路上，我们在实践中总结出了一些方法、模型和工具，但是我们不能止步，我们需要在普适性原理上进一步去探索。

系统科学发展到以研究复杂性为主的阶段，其研究越来越依赖于系统工程提供的实践助力。圣塔菲的梅拉妮·米歇尔将复杂性定义为[13]：“复杂系统是由大量组分组成的网络，不存在中央控制，通过简单运作规则产生出复杂的集体行为和复杂的信息处理，并通过学习和进化产生适应性。”这掀起了一场使用工程技术实现类比于有机生命体的行为特征的研究趋势，其中最有名的便是人工生命理论、元胞自动机与遗传算法等。

在工程体系中，应对外界干扰和不确定的手段主要体现在对故障的处理上。从理论发展的趋势来看，主要是通过增强系统的适应能力。工程体系在应对外部干扰时，适应性要求在不断提升，从开始的以可靠性理论为代表的故障后维修，发展到以健康管理理论为代表的故障的预测与预防，再到以工程弹性系统（ERS）理论为代表的主动适应与自我恢复，体现出化被动为主动，并借鉴生命有机特性的趋势。

以上两种趋势都归一到生命有机适应性。生命有机体的适应性是由一些功能和机制共同组成的。重要的功能包括感知与分析，重要的机制包括反馈、学习与弹性恢复，生命有机体通过感知并分析外部输入信息与自身输出产生的效果信息，通过反馈机制来修正自身的输出，以维持自身状态的稳定，而学习机制是一种延时的反馈机制，通过学习经验数据来修正后续的行为，提升自身应对外界环境变化的能力。在外界输入异常或自身部分故障时，通过弹性恢复机制缓解干扰带来的影响或修复故障，恢复自身功能。我们可以通过在工程体系中引入这种生命有机特有的适应性机制，来提升体系应对复杂性的能力，而控制论与计算机技术中的存储、记忆、反馈与学习的机制也为工程体系引入适应性机制提供了技术基础。

在生命有机适应性机制的构建和演化中，我们作为中国人很幸运能比较深入地理解中医的系统思维和类似“营卫”二气的循行驱动和器官调理，同时我们还有幸发现了一种全景描述工程体系复杂性的方法和工具，即基于V++三层规则模型的智能引擎。这可能是复杂性研究的众多学派中最具工程特点的一派，也是突破无机和有机界限最大的一次。可以乐观地预想，这可能是我们通向复杂性研究的工程体系生命力理论的一个最重要的基石，我们期待着那寻觅已久的普适性理论的呈现！

参考文献

[1] （美）John H. Holland. 隐秩序[M]. 周晓牧，韩晖，译. 上海：上海科技教育出版社，2019.

[2] 张宏军，黄百乔，罗永亮，等. 从降维解析到映射升维——复杂工程系统原理探索[M]. 北京：电子工业出版社，2020.

[3] 钱学森. 创建系统学[M]. 太原：山西科学技术出版社，2001.

[4] 陈威如，余卓轩. 平台战略：正在席卷全球的商业模式革命[M]. 北京：中信出版社，2013.

[5] （美）埃里克·博纳博，马尔科·多里戈，盖伊·特洛拉兹. 集群智能：从自然到人工系统[M]. 李杰，译. 北京：中国宇航出版社，2020.

[6] （美）John H. Holland. 涌现：从混沌到有序[M]. 陈禹，译. 上海：上海科技教育出版社，2006.

[7] （美）John H.Holland. 自然系统和人工系统的适应[M]. 张江，译，北京：高等教育出版社，2008.

[8] （奥地利）薛定谔. 生命是什么[M]. 长沙：湖南科学技术出版社，2007.

[9] 张景岳. 类经[M]. 北京：中国医药科技出版社，2011.

[10] 黄帝内经[M]. 北京：中国古籍出版社，2008.

[11] （美）Melanie Swan. 区块链：新经济蓝图及导读[M]. 北京：新星出版社，2015.

[12] Melanie Mitchell. 复杂[M]. 唐璐，译. 长沙：湖南科学技术出版社，2018.

[13] （美）李杰. 《CPS 新一代工业智能》[M]. 邱伯华，刘宗长，魏慕恒，译. 上海：上海交通大学出版社，2017.